흙에서 흙으로

자연과 인간 3

흙에서 흙으로

서울대 이도원 교수의 생태 에세이 .... 하

이도원 지음

사이언스북스
SCIENCE BOOKS

차례

자연과 인간 3

흐르는 강물 따라 서울대 이도원 교수의 생태 에세이 _상

사람들과 함께 4

이 땅에 살며 어쩔 수 없이 보아야 하는 어설픈 모습들은 감당해야 할 인연이다. 제 갈 길을 찾지 못해 도시의 아스팔트 위를 뒹굴고 있는 낙엽은 정녕 행복하지 않으리라. 불타다 남은 생명의 씨도 할 일은 있고, 큰 나무 그늘 아래 자리 잡은 어린 나무와 키가 작은 풀도 자기 할 일과 몫이 있다. 남의 땅에 남아 있는 정겨운 모습을 부러워하고 옛 조상이 짜 두셨던 큰 그림을 이제야 들추어본다.

도시에 살며

도시란 무엇일까?

도시란 무엇인가? 사람들이 많이 살고, 집이 많고, 차가 많은 곳이 바로 도시일까? 그렇다면 사람과 집, 차가 얼마나 많아야 도시일까?

서울대학교 환경대학원에 함께 계시는 황기원 교수는 도시가 책과 같다고 했다. 정보는 흩어져 있는 것보다 모여 있는 것이 실천으로 연결될 가능성이 크기 때문에 한데 모여 책을 이루며, 또한 정보가 모여 힘을 발휘하기 위해 도시를 이루니 도시와 책은 유사성을 가진다고 보았다.

"책은 갖가지 생각들이 뿔뿔이 흩어져 있는 것보다 한데 모아 놓는 것이 더 이롭다고 하여 만들어진 문화이다. 마찬가지로 도시(都市)라는 글자 또한 뜯어보면 그와 같은 뜻이니, 사람들이 뿔뿔이 떨어져 사는 것보다는 한데 모여 사는 것이 더 이롭다고 하여 만들어진 문화인 것이다. 그러므로 함께 산다는 것과 서로 나눈다는 것은 책과 도시가 존재하는 목적이고 이유이다."[1]

그러면 시골은 무엇일까? 사람과 집, 차가 적다는 점에서 시골은 도시와 구별된다. 또한 정보가 흩어져 있다는 점에서 분명히 시골은 도시와 대비된다. 따라서 정보의 양과 질은 도시와 시골을 나눌 수 있는 잣대가 될 것 같다.

나는 인간 활동에 직접적으로 쓸 수 있는 에너지의 소비가 생산보다 많은 곳을 도시라 정의한다.[2] 이와 대조적으로 시골은 생산된 에너지를 쓰고도 남아 도시에 제공하는 곳이다. 유기물의 생산과 소비 과정은 도시와 시골에서 함께 일어나고 있다. 다만 시골에서는 유기물 생산량이, 도시에서는 그것의 소비량이 상대적으로 우세하다는 말이다.

사람과 집, 차를 모으고 그것들을 정리하는 정보를 농축시키기 위해서는 에너지가 필요하다. 그런 까닭에 시골에서 생산된 에너지는 도시로 몰려 농축된다. 그 농축된 에너지가 도시의 정보를 가공하고 문화 활동을 가능하게 한다. 이 모든 것은 거의 대부분 물질을 매개로 일어난다.

도시가 시골을 의지하는 정도의 차이는 있겠지만 에너지 수급에 관한 측면만 고려하면 도시는 시골을 파먹고 사는 기생충과 같은 존재다. 만약 기생충이 숙주를 쓰러뜨리면 자신도 결국 쓰러져야 한다. 이 사실을 알고 도시 스스로 자구책을 구할 경우에는 시골과 공생 관계를 이룰 수 있다. 아니면 도시가 지속 가능성을 가지기 위해서는 그 안에 시골의 기능을 충분히 안고 있어야 한다. 여기서 시골을 대표하는 것은 광합성을 하는 나무와 풀이니, 곧 자연이다.

엄밀한 의미에서 지속 가능한 도시는 허망한 꿈이다. 그러한 구호 아래 진행되는 운동은 도시가 시골에게 일방적이고 지나치게 지고 있는 신세를 줄이는 정도일 것이다. 지속 가능성은 현재와 미래, 그리고 주체와 이웃이 조화를 이룰 때 보장된다. 따라서 무엇보다 도시의 지속성을 도시라는 계 안에서 해결하려는 태도는 도시와 시골의 관계에서 함의되는 공생을 아우르지 못하는 아쉬움이 있기 때문에 근본적으로 어설픈 접근이다.

그런 의미에서 지속 가능한 도시라는 외침보다 조화로운 도시라는 명칭이 더 적절하지만 왠지 구태의연하여 매력이 없다. 그럼에도 불구하고 도시의 지속성은 도시라는 하나의 계와 그것의 환경인 시골과 조화를 이룰 때만이 가능함은 분명하다. 동시에 도시는 시골의 환경이니 도시와 시골은 우열의 관계가 아니라 대등한 위치에 놓인다.

도시는 시골이 먹여 살린다

만유인력과 블랙홀처럼 어떤 물질이 다른 물질을 끌어당기는 경우도 있지만, 일반적으로 에너지와 물질은 강도와 농도가 높은 곳에서 낮은 곳으로 이동하는 것이 자연스러운 현상이다. 이를테면 태양 표면의 온도는 지구보다 훨씬 높아 더 많은 에너지가 지구로 방사된다. 또한 오염 물질도 농도가 높은 곳에서부터 낮은 곳으로 확산된다. "닫힌계에서 물질 엔트로피는 결국 최대에 이르게 된다."는 조제스큐-뢰겐의 말은 이런 현상을 의미한다.[3] 그러기에 도시에 모인 인구와 정보도 농도가 낮은 곳으로 확산되려는 힘이 작용하고 있음에 틀림없다. 그러한 요소들이 도시로부터 흩어지지 않기 위해서는 유지 에너지가 끊임없이 공급되어야 한다. 그 에너지는 어디서 오는 것일까?

전기와 식량 등의 형태로 시골에서 생성되어 지원되는 에너지가 도시 유지 에너지의 큰 비중을 차지한다. 시골이 제공하는 일차 생산물은 도시에서 에너지와 물질을 제공하고 쓰레기와 이산화탄소와 물을 생산한다. 이와 같이 일차 생산물을 소비하는 과정에서 생기는 에너지와 물질을 기반으로 도시의 정보는 가공된다. 그렇게 가공된 정보가 넘쳐흐르면 시골로 확산된다.

다른 한편 적절한 양의 도시 쓰레기와 이산화탄소, 물은 시골의

생산 활동에 필수적인 원료가 된다. 그런 의미에서
도시와 시골은 공생하고 있다. 그러나 주고받
는 관계가 지나치면 서로가 부담스러워진다.
전에는 도시의 똥을 사 와서 논밭에 뿌렸던
시절도 있었지만 이제는 어느 시골도 막대
해진 도시의 똥을 달가워하지 않는다. 어느
시골도 도시의 똥인 생활 쓰레기와 방사능
폐기물을 받아 가려 하질 않는다.

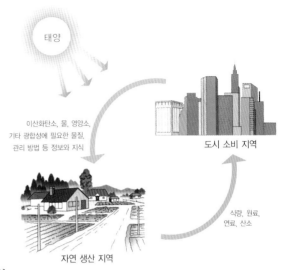

태양

이산화탄소, 물, 영양소,
기타 광합성에 필요한 물질,
관리 방법 등 정보와 지식

도시 소비 지역

자연 생산 지역

식량, 원료,
연료, 산소

▲ 시골과 도시의 공생 관계.[1]

　이렇듯 도시 문제는 도시가 단독으로 해결할
수 있는 성질의 것이 아니다. 먹이를 공급하고 똥
을 받아 가는 시골과 함께 살지 않으면 도시는 존립할
수 없다. 작은아들이 분가하듯 도시는 시골이라는 본가에
서 분가해 왔다. 행정 구역이 리에서 읍으로 그리고 시로 승격되는
것은 비대해지는 체계를 피해 가는 분가의 형태다. 그러나 분가는
완전히 등을 돌리는 대립보다는 협력을 전제로 할 때 아름답다. 분
가하여 잘사는 작은아들은 부모를 모시며 허덕이는 큰아들과 나눔
을 가질 때 아름답다.

　이제 도시는 시골과 서로 끌어안고 한곳에서 오순도순 어우러져
살아야 하는 것일까, 아니면 분가하여 밖에서 본가를 도우며 살아야
하는 것일까? 이미 도시는 후자를 택했으나 분가된 도시에 시골의
살림살이를 완전히 버릴 수는 없다.

　그림에서 보는 것처럼 도시와 시골의 공생 관계를 이어 주는 필수
원소에 초점을 맞추면 물질 순환 과정으로 표현된다. 순환 과정의
일부를 도시의 입장에서 바라보면 시골은 식탁과 폐기물 처리장 기
능을 동시에 제공해 주는 고마운 존재이다. 문제는 도시가 자기의

1. 무겁게 질주하는 자동차에 뭉개진 낙엽.[5]

2. 가을이면 아스팔트 위에서 갈 곳을 몰라 헤매는 낙엽.[6]

기능 수행에 필요한 음식물(에너지원)을 공급하며 자기들이 만들어 놓은 배설물을 처리해 주는 시골의 고마움을 모르고, 그에 걸맞은 보살핌을 베풀지 않을 때 나타난다.

우리가 식탁과 화장실을 돌보아야 생활이 영위되듯이 도시가 시골을 돌보지 않으면 공생 관계는 무너지고 자신도 병들 수밖에 없다. 거꾸로 시골이 도시를 생각하지 않으면 느린 걸음을 각오해야 한다. 결론적으로 생물권은 도시와 시골이 가지는 기능의 알맞은 안배로 그들의 공생 관계가 유지됨으로써 적당한 속도로 발전하는 안전을 유지할 수 있다.

도시의 낙엽

가을이면 도시의 은행나무는 슬프다. 은행 잎의 색이 변하기도 전에 공연히 열매를 생산한 나무는 뭇사람들로부터 고초를 겪는다. 이 사람 저 사람 달려들어 공공의 자산을 남들이 먼저 가져갈세라 나무를 두들겨 열매를 갈취해 간다. 무주공산(無主空山)이 아니라 무주지목(無主之木)의 신세는 애처롭기만 하다.

가을이 더욱 무르익어 겨울로 접근하는 10월 말이면 노란 잎들이 한껏 자태를 자랑하고는 낙엽으로 변모한다. 그러나 낙엽은 자연의 섭리에 따라 흙으로 돌아가지 못하고 시멘트 바닥에서 뒹굴며 어찌할 바를 모른다. 때로 그냥 방치된 낙엽은 행인의 발길에 밟히고 질주하는 자동차에 깔려 가루가 된다. 그러나 도시의 낙엽은 진토가 된다 하더라도 왔던 흙으로 되돌아가지 못하는 가련한 운명을 타고났다. 부서진 가루는 언젠가 조금씩 물에 떠내려가거나 하늘로 날아간다.

> 갈잎나무 그림자들 가을이 깊어
> 갈수록 흐려지고
> 헤아릴 수 없이 많은 나뭇잎들
> 이제는 나무에 매달리지 않고
> 한 개도 남지 않고
> 떨어지나 울긋불긋
> 흩날리며 미련 없이 낮은 곳으로
> 내리는 나뭇잎처럼 떨어져
> 나도 이제는 훌쩍 떠나고 싶지만
> 아스팔트 위에는 싫고
> 산골짝이나 들판에 쌓이고 싶은
> 마음 남았으니 아직도
> 나뭇잎처럼 되기는 멀었다
> 갈잎나무처럼 살기는 틀렸다
> ──김광규, 「갈잎나무의 노래」, 시집 『물길』에서

이 무렵이면 거의 매일 새벽 도시의 어둠 속에 어렴풋한 움직임이 보인다. 가까이 가 보면 차가운 아침 공기 속에 묵묵히 빗질을 하고 있는 환경 미화원의 윤곽이 뚜렷해진다. 낙엽이 지는 계절이면 전국 도시 어디서나 볼 수 있는 모습이 아닐까? 아침마다 쌓인 낙엽을 쓸어 내야 하는 그분들의 고초를 나는 직접 겪어 보지 못했기 때문에 그 어려움의 일부만 느낀다.

그런데 왜 도시의 모든 낙엽을 쓸어 내야 하고, 운반하거나 태워야 하는 것일까? 운반하자니 차량이 필요하고, 차량을 움직이자니 화석 연료를 태워 공기를 더럽힌다. 거두어들인 낙엽은 그냥 두자니 쓰레기가 되고 태우자니 다시 공기를 더럽힌다. 더구나 낙엽을 태움으로써 땅으로 돌아가야 할 영양소들을 하늘로 날려 보내니 토양은 점점 척박해진다. 그런 과정으로 척박해진 도시 공원의 토양에는 개선 처방으로 비료를 주도록 했다니 그 또한 한심하다.

1995년 가을 어느 날, 쓰러진 나무껍질을 뒤져 벌레를 찾기 위해 우리의 점봉산 길에 동행했던 서울대학교 생물학부 최재천 교수는 이렇게 꼬집었다. 낙엽을 쓸어 내어 척박해진 토양에 비료를 뿌리는 관리 방식은 음식을 빼앗고 링거 주사로 영양소를 주입하는 꼴이라고……. 참으로 적절한 비유다.

1   2   3

뿌린 비료는 식물이 흡수하여 필경 낙엽이 되고, 낙엽은 썩어서 뿌리 곁의 흙으로 가야 하는 것은 자연의 섭리이다. 이것이 토양으로 되돌아가지 못하면 결국 강으로 하늘로 가게 된다. 필경 강과 하늘로 옮겨 갈 구조 위에 뿌릴 비료를 구하기 위해 힘쓰고 돈을 들이니 국민의 세금은 그만큼 더 많이 필요하다. 길게 보면 하루빨리 물과 공기를 망가뜨리기 위해서 세금을 거두고 있는 셈이다.[7]

교수 시인 신협은 시집 『단순한 강물』에서 "은혜 깊은 뿌리 곁에 누워/ 제 몸을 묻고/ 낙엽은 꿀잠을 잔다"라고 노래했다. 그러나 그것은 정녕 우리 도시의 낙엽이 누릴 수 있는 형편은 아니다.

지나치게 순진한 생각일지 몰라도 이젠 그런 관행에서 벗어나면 좋겠다. 큰 나무 아래 작은 떨기나무들이 자라도록 허용하여 떠돌아다니는 낙엽을 최대한 그 숲에서 머물도록 하는 방법은 없을까?

그러나 지금의 현실은 그렇지 못하다. 우리 도심 속의 모든 가로수는 외로이 서 있다. 그들은 오직 사람들을 위안하기 위해 존재하고 혹사당한다. 그들인들 작은 풀과 그리고 노래 부르는 풀벌레와 어울리지 못함을 안타까워하지 않을까?

겨울이면 우리나라 곳곳에서 머리 잘린 가로수를 본다. 자연의 생산과 인간의 필요성이 알맞게 궁합을 이루지 못하고 있는 모습이 안

큰 나무와 가로수 나무 아래 나타나는 여러 가지 다른 모습[8]
1. 서울시 관악구 봉천 7동 낙성대길.
2. 캐나다 오타와.
3. 태국 출라롱콘 대학교.
4, 5. 주변을 시멘트로 발라 놓은 소나무는 죽어 베어졌다.[9]

쓰럽다. 가로가 황량하던 시기에는 하루빨리 자라는 나무가 매력이 있다. 그러나 세월이 지나면 지나친 생산으로 비대해진 나무는 성가신 존재가 될 수도 있다. 큰 나무는 때로 줄지어 서 있는 전신주와 경쟁하고 때로 비바람에 쓰러져 길을 막는다. 가로수가 크게 자라 쓰러질 염려가 있다면 이제 잘 자라지 않는 나무로 조금씩 바꾸어 가는 방안도 생각해 보자. 누군가, 가로수를 베어야 하는 예산을 쓰지 않으면 다음 해에 배당되지 않기 때문에 그런 일이 자행된다고 했는데 설마 그러기까지야 할까?

이제 도시를 계획하고 설계하시는 분들은 좀 더 많은 낙엽들이 토양으로 되돌아가도록 배려하면 좋겠다. 그것이 비록 내가 사는 땅으로 성가신 벌레를 불러오더라도 그에 상응하는 혜택이 있을 것이다. 낙엽이 썩어서 토양으로 보태지면 그것을 기반으로 살아가는 토양 미생물들이 공기를 더욱 정화시키는 데 공헌한다.
그렇게 하여 토양이 더욱 푸석푸석해지면
더 많은 빗물들이 땅속으로

1, 2. 미국에서는 나무 부스러기(wood chip)를 가로수나 화단에 많이 쌓아 둔 모습을 볼 수 있다.[11]

◀ 머리 잘린 가로수.[10] 충북 옥천-보은을 잇는 37번 도로.

스며들 수 있게 된다. 땅속으로 더 많은 빗물이 스며드니 비가 오면 가로로 넘치는 빗물이 줄어들고, 점점 더 고갈되고 있는 지하수 충원에도 공헌할 것이 분명하다.

그런 의미에서 늦가을 굳이 가로수를 베어 내야 한다면 바로 그 나무 아래에서 어느 정도 처리할 수 있으면 좋겠다. 그래서 목재로 쓰기 어려운 작은 나뭇가지를 잘게 나누는 기계를 이용하여 부스러기를 만들고 어미 나무 주변에 수북하게 쌓아 놓는 방법도 고려해 보자. 그렇게 하면 잔가지를 다른 곳으로 옮겨야 되는 수고를 덜고, 또 토양 주변을 덮어 더 많은 미생물들이 살 수 있게 할 것이다.

이 세상 모든 것이 제자리로 돌아가지 못하면 천덕꾸러기가 되니 그것이 바로 환경오염이다. 그러기에 나뭇잎들은 분명 자기가 가야 할 올바른 장소로 가기를 원한다. 그러나 도회의 나무는 자기 마음대로 살 위치에 놓이지도 못할뿐더러 한 뼘 허용된 땅마저 몸으로 경험할 수 없다. 큰 나무와 작은 나무가 어우러져 낙엽을 포착하고, 그것을 기반으로 미생물들이 살아가는 모습이 가로수가 서 있는 곳에서는 연출될 수 없는 것일까?

이제 나무와 나뭇잎이 영양소를 잡아 두고 분해하는 힘을 가지고 있는 걸 알았다면 우리 주변의 녹지들에 대한 상대적인 위치를 돌아볼 필요도 있다. 지금의 도시에서는 공원이나 도로의 중앙 분리대 등 녹지가 있는 곳은 이웃 지역보다 상대적으로 높다. 이러한 구조에서는 비가 오면 발생하는 지표 유출수가 도로를 거쳐 곧장 배수구로 들어간다. 인간과 자동차들이 만들어 놓은 매연 물질 등의 오염원들이 지표 유출수에 포함되어 있지만 식생 지대에서 여과될 경로가 생략된다. 결과적으로 땅 위의 식생 지대가 처리할 수 있는 능력은 무시되고 도시 하천을 비롯한 수계가 오염물들을 도맡아 처리해야 하는 부담을 갖게 된다.

도시의 지표 유출수가 식생 지대를 거쳐서 하수구로 가도록 유도하기 위해서 앞으로는 조경 설계에서 좀 더 많은 녹지 공간의 위치를 낮은 곳에 두자. 그러면 물은 낮은 곳으로 흐르는 까닭에 보다 많은 빗물이 식생 지대를 통과하게 될 것이다. 배수구로 들어가기 전에 빗물이 식생 지대에서 여과되니 주변 하천의 수질이 어느 정도 향상될 것이다. 이러한 배치는 동시에 땅속으로 침투할 수 있는 수량을 증가시켜 지하수 충원과 도시 지역의 홍수 감소에도 이바지할 것이다. 또한 더 많은 영양소들이 보유되니 녹지의 생산성을 높이는 결과를 야기할 것이다.

물론 이러한 방안의 일부로서 도로의 중앙 분리대, 가로수 등의 위치를 도로보다 낮게 위치하기 전에 설계 기준과 관리 비용 등 여러 가지 측면을 고려한 비용—편익 분석이 있어야 할 것이다. ● ● ●

시골과 더불어 사는 도시

사람이 살아가기 위해서는 매일 먹어야 한다. 마찬가지로 먹어서 피와 살이 되고 남는 부분은 몸 밖으로 보내야 한다. 제대로 먹지 못하거나 배설하지 못하면 병이 생긴다.

몸무게가 늘어날 때는 먹는 양이 내보내는 양보다 크기 때문이다. 그러나 다 알고 있는 것처럼 나이가 들면 몸무게가 늘지 않는데 이는 매일매일 먹는 양만큼 내보내기 때문이다. 나이가 들어서도 먹는 양과 내보내는 양이 균형을 이루지 않으면 비곗살이 늘거나 몸이 야윈다.

우리가 하루하루 무심코 식탁에서 식사를 하고 화장실에서 일을 보는 과정에서 먹고 배설하는 양이 나이에 맞는 균형을 이루지 않으면 병이 생긴다. 제대로 먹고 배설하기 위해서는 몸뿐만 아니라 식탁과 화장실을 잘 돌봐야 된다.

우리가 살아가는 도시는 도시인의 활동에 필요한 물질들을 도시 밖에서부터 들여와야 하고, 또 도시에서 일어나는 모든 기능을 수행하는 데 쓰고 남는 물질은 폐기물이란 이름으로 밖으로 내보내야 한다. 도시가 성장할 때는 들여오는 양이 내보는 양보다 많아야 하지만, 어느 정도 성장하고 나면 들어온 물질의 양만큼 내보내야 한다.

그렇지 않으면 물질들이 축적된 도시는 쓰레기로 덮이게 된다. 우리들이 무심코 도시로 물질을 들여오고 내보내는 양이 도시의 나이에 걸맞은 균형을 이루지 않으면 도시는 병을 앓게 된다. 균형을 맞추기 위해서는 물질을 공급하고 폐기물을 받아 가는 곳을 잘 관리하지 않으면 아니 된다.

우리의 원만한 건강을 위해서 식탁과 화장실의 기능이 원활해야 하듯이 도시가 유지되기 위해서는 시골이라는 식탁과 폐기물 처리장이 있어야 한다.

시골 사람들로서는 듣기 거북할 수도 있지만 시골은 도시의 식탁과 폐기물 처리장 기능을 동시에 해 주어야 한다. 문제는 도시가 자기의 기능 수행에 필요한 음식물(에너지원)을 공급하고 자기가 만들어 놓은 배설물을 처리해 주는 시골의 고마움을 모르는 데 있다.

우리가 식탁과 화장실을 돌보아야 생활이 영위되듯이 도시는 시골을 돌보지 않으면 스스로 병들 수밖에 없다. 도시가 시골을 돌볼 수 없다면 도시는 자기 안에 시골의 기능을 포함하고 있어야 한다.

마치 옛날 시골이 자급자족했듯이 식량을 마련하고 폐기물을 처리할 기능을 함께 가지고 있어야 한다. ▣

불탄 숲과 눈독

이런 얘기를 들었다. 임업연구원의 어떤 연구원들은 봄이 오면 아까시나무 꽃이 필 때까지 긴장해야 한다고. 이것은 무슨 말인가? 우리나라에서 4월은 1년 중 가장 건조한 시기로 산불의 발생 빈도가 높은 달이다. 그래서 연구를 일단 제쳐 놓고 현장에서 산불 방지를 단속하고 계도하는 데 많은 시간을 보내야 하며, 그런 중에 혹시나 문책의 불똥이 튈까 노심초사해야 한다는 뜻이다. 연구원이 연구가 아닌 일로 많은 시간을 보내야 하고 또 책임이 지워지는 일이 결코 합리적이지 못하나 나도 우리나라 사람이라 그렇게 돌아가는 세상 정황쯤은 이해를 하고 있다. 나무에 물이 오르고 봄비가 내릴 즈음이면 군대 용어로 상황은 끝난다. 그때쯤 아까시나무 꽃은 핀다.

1996년 4월 23일 강원도 고성에서 산불이 발생하여 대략 3,800헥타르 면적의 좋은 숲을 새까맣게 태워 버렸다. 그 당시 그 산불은 우리나라에서 몇십 년 만에 일어난 산불 피해 면적이라고 했다. 그런데 더 큰일은 2000년 4월에 강릉과 삼척 일대를 포함하는 동해안 지역 곳곳에서 기어이 일어나고 말았다. 2만 헥타르가 넘는 면적의 산야를 태우는 기록 경신이 있었던 것이다.[12]

이제는 뒤따라올 후유증이 무엇인지 밝혀내고 아픈 상처를 하루빨리 아물게 할 방책을 찾아 몇몇 연구기관이 일을 하고 있다. 그러

산불이 난 다음 서로 다른 대처 방식으로 나타
난 경관[3]
1. 미국 옐로스톤 공원.
2. 우리나라 삼척 부근.

나 아직은 산불의 영향과 사후 관리에 대한 종합적인 연구 결과를 기다리고 있어야 한다. 그리고 우선 다른 나라의 연구 결과들로 미루어 짐작하는 정도에서 그쳐야 한다.

불탄 숲에도 생명의 씨가 있다

산불에 대한 자료를 조금씩 모으기 시작한 때는 1993년 2월 몇몇 생태학자들과 작은 연구 모임을 시작할 무렵이었다. 회원들이 공동으로 연구할 후보 주제로 산화생태학을 고려했다. 그때 비로소 화재의 역사와 연구가 비교적 잘 정리되어 있는 미국의 옐로스톤 국립공원과 접촉을 시작하여 자료를 모으기 시작했고, 이것이 나중에 옐로스톤 학습원을 방문하는 인연으로 이어졌다.

그해 4월 경남 포항시 인근에서 산불이 발생했다는 소식을 듣고 그곳으로 내려가 보았다. 산불로 땅이 노출된 지역에서 불에 타다 남은 큰 나무들을 베어 내어 땅이 침식되고 있는 모습이 금방 눈에 들어왔다. 그때까지 익힌 내 지식에 의하면 죽은 나무를 베어 내고 어린 나무를 심는 것은 그다지 칭찬할 일이 못되었다.

자연은 앞 세대가 이룩한 터전 위에서 다음 길을 일구어 간다. 앞

세대의 유전적, 문화적 정보가 유전자와 생리적, 생태적 과정을 통해 전달될 뿐만 아니라 앞 세대가 만들어 놓은 유기물은 다음 세대들이 재생하는 데 필요한 중요한 바탕이 된다. 소위 말하는 퇴비와 유기농법은 이런 유기물을 기반으로 하고 있다. 불에 타다 남은 나무일 망정 그것은 유기물이다. 불에 타다 남은 나무는 형태와 기능 그리고 작용 시간에서 낙엽과 차이가 있다. 그런 만큼 이것은 낙엽과 다른 시간 규모 안에서 자신이 속한 생태계 기능을 유지하는 데 공헌하는 귀중한 자원이다.

이상하게도 우리나라에서는 불에 타다 남은 유기물을 베어 내고 어린 나무를 심는다. 그 베어 낸 나무를 어디에다 쓰는 것일까? 그것은 도회로 가면 폐기물이 되거나 소각되어 또 물과 공기를 더럽히는 것은 아닌지? 그 죽은 나무들은 이미 손상되기는 했지만 땅을 보호하는 옷의 역할을 여전히 하고 있다. 떨어진 옷마저 벗겨 내면 땅이 더 쉽게 침식되고, 숲의 재생은 더디게 된다. 더구나 나무를 베어 내고 처리하는 과정에는 분명히 국민의 귀중한 세금이 낭비될 것이다. 이러한 인위적 비용과 자연 손실을 보상하는 것 이상으로 베어 낸 나무를 유용하게 쓰는지 따져 봐야 할 것이다.

산의 풀과 나무가 하는 일은 광합성이다. 광합성은 풀과 나무가 땅으로부터 물과 영양소를 흡수하고, 공기로부터 이산화탄소를 흡수하여 태양 에너지로 잘 가공하여 유기물을 만드는 과정이다. 따라서 풀과 나무는 자신의 작품을 만드는 데 필요한 자원인 물과 영양소를 자신의 주변에 확보하는 데 탁월한 재주를 가지고 있다. 이 탁월한 재주는 동물과 미생물이 함께 어울릴 때 제 기능을 발휘한다.

산불은 이러한 식물과 동물과 미생물을 숲 생태계로부터 추출하는 사건이다. 이러한 생물상의 변화로 지역의 수문과 생물·지질·

화학적 과정에 변화가 뒤따를 것은 당연하다. 이를테면 불은 숲의 수분 보유력을 손상시킨다. 1974년 캐나다 온타리오 북동부에 산불이 난 곳에서는 주변의 불타지 않은 지역에 비해서 유량이 69퍼센트 증가했다. 유량이 증가하면 당연히 유출 에너지가 증가하고 그에 따라 침식되는 토양과 씻겨 가는 영양소의 양이 극도로 증가한다. 더구나 유기물 요소에 잘 저장되어 있던 영양소들은 불에 의해 분해되고, 영양소를 보유하는 창고 구실을 하는 토양, 식물, 동물, 미생물의 영양소 보유 기능이 모두 엄청나게 취약해진다.

산이 잃는 토사와 영양소는 모두 어디로 갈까? 타는 동안은 대부분 하늘로 날아가고, 화재가 멈춘 이후부터는 주변의 하천으로 저수지로 지하수로 가는 길밖에 없다. 이것으로 산불이 공기를 오염시키고, 또 주변 수자원을 부영양화시킬 것이라는 사실을 유추할 수 있다. 하류의 수로와 저수 용량이 충분하지 않으면 홍수도 우려된다. 그럼에도 불구하고 우리는 이미 불타 버린 산 자체만을 지나치게 아쉬워하고, 이웃 수계에 나타날 악영향에 대해서는 미처 대처할 마음의 여유가 부족하다.

산불로 땅옷을 태워 버린 곳을 밟는 일은 아픈 상처를 건드리는 행위에 비유될 수 있다. 따라서 산불 지역에서 나무를 베어 내는 일은 하지 않는 것이 낫다. 벌목 작업은 토양을 손상시키며, 그에 따라 토양과 영양소 유실량이 증가한다. 또한 타다 남은 식물에는 유기 탄소가 많이 포함되어 있다. 이 유기 탄소를 기반으로 억척스러운 미생물들이 영양소를 왕성하게 빨아 당길 것이다. 몸의 크기에 비해서 상대적으로 표면적이 넓은 미생물은 식물 뿌리보다 영양소 흡수 속도가 훨씬 빠르다. 따라서 미생물은 훼손된 생태계에서 새로운 식물이 정착하기 전에 영양소를 보유하고 상처를 치유하는 첨병이 된다. 풀과 유목이 자라고, 불타다 남은 나무 그루터기의 양이 줄어들면 한꺼번에 늘어났던 미생물들은 차츰 주검을 맞게 된다. 그때 죽은 미생물은 고농도의 질소와 인 등의 영양소를 방출하여 새로 자라는 식물 성장의 바탕이 된다.

특히 장마철이 오기 전에 새로운 싹이 나오는 과정을 손상시켜서는 아니 된다. 산불 지역 토양에도 타다 남은 풀과 나무의 씨앗이 있다. 산불에 의한 상처는 남아 있는 씨앗과 주변 지역으로부터 유입된 씨앗으로 치유될 것이다. 씨앗이 움트는 바탕은 토양의 영양소와 수분이다. 따라서 토양과 영양소가 주변 수계로 유실되는 양을 감소시킬 방안을 최대한 강구해야 한다.

이러한 방안으로 물길이 지나칠 산기슭의 낮은 곳을 따라 짚을 뿌리거나 짚단을 쌓아 두는 처방이 효과가 있을 것으로 예상된다. 전통적으로 우리 조상들은 불탄 묘지에 짚을 뿌리는 지혜를 가지고 있었다. 이 경우 시각적인 효과도 물론 있겠지만 수분과 영양소 유실을 방지하는 효과가 더욱 중요하다. 톱밥과 모래를 섞어 넣은 자루나 주머니를 계곡의 물길을 따라 놓아 작은 댐들을 여럿 쌓는 것도 하나의 처방이 될 것이다. 짚과 톱밥은 상대적으로 유기 탄소 함유량이 높다. 이 유기 탄소를 기반으로 미생물들은 왕성한 활동을 시작하면서 빗물에 씻겨 가는 영양소를 흡수할 것임에 틀림없다.

불탄 지역의 나무를 베어 낸 모습에 회의를 느낀다. 관할 지역에서 산불이 나서 귀중한 숲 자원을 태웠으니 아마도 해당 기관의 공무원은 문책을 받았으리라. 이제 그 공무원은 무언가 가시적인 행동을 해야 하는 입장에 놓였으리라. 그런 이유로 일부 지역에서는 불탄 나무들이 베어져 말끔히 정리되어 있었다. 그러나 이제 베어 내느라고 사용된 인력 및 예산과, 베어 낸 나무가 사용되어 얻어진 편

2000년 산불이난 강원도 지역에서 일부러 나
무를 심은 곳보다 그냥 둔 곳의 숲이 더 빨리
회복되었다[14]
1. 조림 지역(강릉시 사천면, 2002년 7월 26일).
2. 자연 복원지(강릉시 사천면, 2002년 7월 26일).

익을 비교해 볼 때가 되지 않았을까? 더구나 걱정스러운 것은 불타 베어 낸 나무가 도회지로 내려오면 일부는 목재로 사용되겠지만 불에 거슬리다 남은 많은 부분이 폐기물로 전환되지 않을까?

불에 타다 남은 나무들은 우선 보기에도 흉하고 화재에 대한 자책감 때문에 주민들의 정서를 자극한다. 하지만 현장에서는 그것도 유기물이라 불탄 숲이 복원하는 데 한몫 할 것이다. 생태계에서 축적된 유기물은 우리 생활에서 보험이나 저축과 같아서 뜻하지 않은 불행이 닥쳤을 때 완충 작용을 한다. 아마도 이런 이유 때문에 1988년 불탄 옐로스톤 공원의 나무들은 여전히 그 자리에 서 있는 것이리라.

산불 지역에서 베어 낸 나무를 운반하고 새로운 유목을 심기 위해 기구나 사람을 들이는 일은 최소화시켜야 한다. 묘목을 심어야 한다면 짚단과 톱밥 주머니를 비치한 산기슭에 국한하는 것이 좋다. 벌목과 나무 심는 작업은 토양을 교란시켜 침식을 증대시킬 염려가 있다. 묘목은 천이의 초기 단계에 나타나는 성장력이 빠른 수종을 선택하는 것이 바람직하다. 빨리 자라는 식물은 그만큼 영양 물질 흡수 속도가 빠르다. 따라서 수계로 유실될 수 있는 영양소를 포획하여 보유하는 능력이 느리게 자라는 식물에 비해 상대적으로 우수하다.

산불 발생은 올해만의 사건이 아니다. 그런데도 우리는 아직껏 남의 나라의 연구 결과를 바탕으로 우리나라의 상황을 예상해 보는 수준에 머물러 있다. 산불이 난 다음에 현명한 대처 방안을 찾기 위해서는 이제라도 종합적인 연구를 시작해야 한다. 적어도 고려될 수 있는 관리 방안 하나하나에 대한 연구 검토가 필요하다. 숲의 식물과 야생 동물, 그리고 토양의 기능이 회복되어 가는 과정, 숲과 주변 수계의 수문, 하천과 호수의 수질과 생물상의 변화, 대기로 날아가는 기체 상태의 물질량을 측정하는 연구가 수행되어야 한다. 우리나라 풍토에 맞는 최선의 관리 방안은 그런 연구 결과를 바탕으로 만들어져 한다.

　사람의 실수로 일어나는 산불은 물론 예방 조처를 강구하는 것이 최선이다. 그러나 우리가 아무리 조심을 한다고 하더라도 산불을 완벽하게 예방할 수는 없을 것이 분명하다. 10년 후 또다시 산불이 났을 때 미국과 유럽, 일본에서는 어떻게 한다는 주장이 나오지 않아도 되도록 해야 한다. 그 길은 우리 자신의 연구밖에 없다. 산림청과 환경부 관련 연구 기관과 학계가 공동으로 연구를 추진해야 한다. 산불은 산에서 일어나지만 주변 지역의 환경에 지대한 영향을 미친다. 적어도 학자들이 여러 가지 관리 방안의 실효성을 비교 검토할 수 있는 기회를 제공하는 배려가 있기를 바란다.

논둑 태우기가 과연 좋은 일일까?

겨울에 시골 길을 가다 보면 태워진 논둑이나 강둑을 흔히 목격하게 된다. 그러고 보면 어린 시절 정월 대보름 날이면 달집을 짓고 잔디밭을 태우던 추억이 되살아난다. 언젠가 서울에서 갈대밭을 태우는 행사를 텔레비전에서 본 적이 있다. 무성한 갈대밭은 시야를 가리기 때문에 은폐 효과를 없애기 위해서라고 했다.

　논둑이나 강둑 태우기는 어쩌면 하나의 타성인지도 모른다. 아마도 농부들이 풀숲에 깃들어 겨울을 나는 해충의 알들을 태워 없앨 생각으로 논두렁을 태우는 것이리라. 어쩌면 이러한 관행은 과거에는 이익이 되었을지도 모른다. 그러나 이제는 이런 행위들에 대한 생태학적인 비교를 통해 득실을 따져 봐야 될 때가 되지 않았을까? 무엇보다 시대가 달라졌다.

　태움은 해충을 선택적으로 없애는 것이 아니라 우리에게 이로운

생물들도 무자비하게 해치운다. 음력 정월 첫 쥐날에 쥐를 쫓는다 하여 논둑이나 밭둑에 놓는 쥐불도 때와 곳에 따라 해충보다 거미와 같은 해충의 천적들에게 더 큰 피해를 줄 수도 있다.

더구나 만물이 태동하기 전인 이른 봄에 비가 오면 불탄 지역에서는 빗물에 의해서 더 많은 영양소가 씻겨서 강물로 들어갈 수밖에 없다. 풀이나 나무들은 영양소를 포함하고 있지만 그것들이 재로 되면 물에 녹을 수 있는 물질들로 변할 것이기 때문이다. 결과적으로 이미 부영양화가 진척되어 있는 주변의 수자원으로 더욱 많은 영양소를 보탠다. 마치 배부른 아이에게 떡을 더 먹이는 꼴이다.

물론 불태움은 식물로 이루어진 땅옷의 정도를 약하게 해서 더 많은 토사를 발생하게도 한다. 이 토사는 영양소를 보유하고 있기 때문에 그것 자체가 영양소를 수계로 옮겨 놓는다. 이러한 작용들은 모두 수계의 부영양화를 더욱 촉진시킬 것이다. 또한 토사들은 하류에 있는 호수를 메우는 데도 한몫 하리라.

이제 논둑과 물가의 마른풀을 태우는 일이 과연 옳은 일인지 검토해 보아야 할 때가 아닐까? 과거에는 태움이 바람직했더라도 지금은

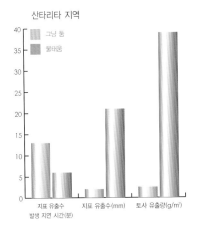

산타리타 지역

그냥 둠
불태움

지표 유출수
발생 지연 시간(분)   지표 유출수(mm)   토사 유출량(g/㎡)

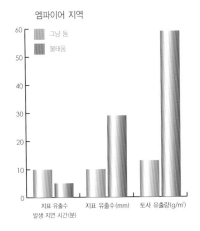

엠파이어 지역

그냥 둠
불태움

지표 유출수
발생 지연 시간(분)   지표 유출수(mm)   토사 유출량(g/㎡)

◀ 불을 태운 경우와 그렇지 않은 경우의 비교.[10] 미국 애리조나 주 동남부에서 1987년 가을, 1988년 봄과 가을에 큰키벼과식물(long grass)을 일부 지역에서는 태우고 일부 지역은 그냥 둔 채, 인공비를 뿌리는 동안 발생한 지표 유출수, 토사 유출량, 유출수 발생 지연 시간의 차이를 보여 준다.

그렇지 않을 수도 있다. 판단의 근거를 제시해 줄 수 있는 실험은 간단하다. 풀밭의 일부에서 태운 경우와 태우지 않은 경우에 나타나는 토양의 물리·화학적 특성, 미소 동물과 거미를 포함하는 동물상, 지표 유출수와 지하수의 특성을 비교해 보는 일이다. 어쨌거나 당연하게 진행되고 있는 불놀이에 대해 여러 가지 측면에서 비용-편익을 분석해 보아야 한다. 특히 생태학적인 관점에서 점검해 보아야 할 것이다. 우선 미국 애리조나 주에서 일부 지역을 대상으로 태운 경우와 태우지 않은 경우를 비교한 실험 내용을 보면 태움이 그다지 긍정적이지는 않은 것 같다.

비가 내릴 때, 불을 태운 풀밭에서는 풀잎에 부딪치고, 땅속으로 스며드는 물의 양이 적기 때문에 금방 빗물이 땅 위로 흐르기 시작한다. 땅 위로 흘러가는 지표 유출수의 양도 금방 늘어난다. 토양 안에 있는 빈틈이 좁아 땅속으로 침투되는 물의 양이 적어지기 때문이다. 토양으로 보태져야 할 유기물이 대부분 공기로 날아간 탓이다. 지표 유출수가 많으니 침식되어 유실되는 토사량도 늘어난다. ● ● ●

숲에 닿은 손길

산을 잘라서 맥을 끊고 동물의 통로를 없애는 행위는 우리나라를 호시탐탐 노리는 못된 나라들이 은근히 바라고 있는 바가 아닌가? 국민대학교 김은식 교수의 이러한 의문은 내게 두려움으로 다가온다. 그는 자연을 이용 대상으로 바라보는 임학과 출신이라 나와 다른 시각을 보이곤 한다. 나중에 얘기하겠지만 녹지자연도 등급 6은 사람이 가꾼 숲이라는 이유로 보존 대상에서 제외시키는 획일적인 태도에 대해 이의를 제기하는 등 그는 순수 과학에서 출발한 내가 귀담아들어야 할 지적을 많이 했다.

그러나 모든 숲이 가꾸어져야 할 이유는 없다. 더구나 사람의 손이 닿는다고 반드시 좋은 방향으로만 가는 것도 아니다. 그저 두기만 해도 좋은 숲도 많이 있다. 그리고 때로 선의에서 시작한 숲 가꾸기가 엉뚱한 결과를 낳는 경우도 있다.

심는 손길

1995년 5월 11일 한국생물다양성협의회 준비로 국립공원 심포지엄이 있기 전에 계명대학교 김종원 교수의 인도로 북한산 자연 탐방이 있었다. 인수봉을 바라보며 참나무 아래 심어 둔 잣나무 유목은 김 교수의 표적이 되었다. 천이라는 개념을 가지고 바라보면 잣나무와

같이 햇빛을 좋아하는 양수는 참나무와 같이 그늘에서 잘 견디는 음수 아래 자랄 기질을 가지고 있지 않다. 그렇다면 참나무 아래 자리 잡은 잣나무의 신세는 처량하다.

그런 자연의 섭리는 아랑곳 하지 않고, 식목일에는 나무를 심어야 하는 관행 때문에 그날 나무를 심었다는 자부심을 가져야 했던 어떤 분이 그런 상황을 연출해 둔 것이다. 사실은 나는 이미 그런 현상을 경기도 포천군 이동면에 있는 국망봉에서도 보았다. 1993년 8월 28일 일기를 뒤져 보니 이렇게 적혀 있었다.

"아침 7시 30분 무렵 경원대 최정권 교수, 서울대학교 환경대학원 조경학과 조교인 이양주 씨와 함께 포천군 이동으로 향했다. 10시경 국망봉 기슭에 있는 김봉일 선배의 산장에 도착했다. 휴양림 조성을 위해서 내게 자문을 구한다는 전화가 몇 번 있었지만, 나는 그다지 아는 바도 없고 바쁘기도 하여 미루어 오던 터에, 최 교수가 관심을 보여서 계획한 여행이었다. 근래에 체력이 떨어진 상태라 산행이 부담스럽기도 했지만 최 교수 또한 전날 밤샘 작업으로 지쳐 있었던 탓으로 걸음을 느릿느릿하게 진행하며 대충 둘러보았다. 식생 관찰보다는 요사이 그냥 사진을 찍어 두고 있는 버섯들을 다양하게 접할

수 있었던 점이 다행이었다.

하산 길에 본 참나무 아래 심어 둔 잣나무는 인간의 무지를 보여 주고 있어서 자료와 연구 대상으로 할 만하지 않을까 하는 생각을 했다. 그곳에도 산허리를 가로질러 뱀길을 막고 있는 그물들은 무자비한 인간의 모습을 드러내고 있었다. 산 위로 오르내리는 속성이 있는 뱀은 산 중턱에 설치된 그물에 이르면 더 나아가지 못하고 땅꾼의 희생물이 되는 광경을 언젠가 텔레비전에서 본 바 있다."

곧 김은식 교수의 보충 설명이 있었다. 흔히들 녹지자연도 등급 8 이상의 지역은 보전되어야 하지만 7 이하의 지역은 개발해도 좋다고 보고 있다. 훼손된 다음 자연적으로 회복하고 있지만 나무의 나이가 20년 이하인 숲은 7등급으로, 그리고 나무의 나이와 상관없이 인공적으로 조성한 숲은 6등급으로 매긴다. 김 교수는 이런 발상 때문에 인공림은 아무리 양호해도 보존 대상에서 제외하는 획일성을 지적했다. 역시 임학을 전공한 입장에서는 잘 가꾼 숲보다 자연림이 더 낫다는 판단 기준은 그다지 달가울 리가 없다.

더구나 이런 규정 때문에 참나무 아래 잣나무를 심어서 혹시라도 잣나무가 살아남게 되면 그 숲은 인공림으로 판정되어 개발해도 좋은 땅으로 탈바꿈할 수 있게 된다. 따라서 일부러 그럴 사람이야 없겠지만 잘 조성된 숲을 굳이 개발할 의향이면 그곳에 나무를 심으면 된다. 심은 나무가 잘 자라면 녹지자연도 등급 기준에 의해서 그곳은 등급 6으로 매겨질 것이기에 적당한 시기에 개발해도 법적으로 문제가 되지 않는 모순이 도사리고 있다.

이런 아이러니는 헐벗은 산이 안타까워 식목일을 지정하고 나무

심기를 독려하던 타성이 이제는 재고될 시점에 와 있다는 사실을 의미한다. 녹화 사업의 성공으로 산에 나무 심기를 장려할 시기는 지났다. 나무를 심어야 할 곳은 산이 아니라 하천 정비 사업이라는 과시적인 미명으로 삭막한 풍경을 안게 된 강변이다.

산에서 나무를 키우는 것은 좋은 일이지만 잘못 심으면 다른 심각한 환경 문제도 일어난다. 1950년대 후반에 노스캐롤라이나 주에서 넓은잎나무숲을 베어 내고 바늘잎나무숲으로 바꾼 다음 매년 하천으로 흘러가는 물의 양을 비교해 본 실험이 있었다. 그 실험 결과에 의하면 15년이 지난 1970년대 초 강물의 양이 전체 유역 강우량 기준으로 200밀리미터(20퍼센트)가량 줄어들었다.[18]

우리가 흔히 상상하고 있는 것과는 달리 바늘잎나무는 엽면적 지수가 상대적으로 높다. 그렇기 때문에 그곳에 내린 비와 눈이 나뭇잎 부분에 쌓이는 양이 많아진다.[19] 나뭇잎에 의해 차단된 비와 눈은 대부분 증발되고 숲 바닥으로 떨어지는 물의 양은 적어진다. 특히 바늘잎나무는 겨울에도 잎을 달고 있어 많은 양의 눈이 나무 위에 쌓인다. 그 눈들은 대부분 증발된다. 결과적으로는 하천으로 흘러가는 물의 양은 줄어든다.

아프리카에서는 외래종을 도입하여 숲을 형성한 다음 수자원이 감소하는 문제가 발생했다. 호주에서 들여온 유칼리나무(eucalyptus)가 별 탈 없이 거목으로 잘 자라기는 했지만, 그렇게 큰 몸집을 키우고 유지하기 위해 광합성을 많이 한 만큼 많은 양의 물을 소비했다. 생물량이 증가하면서 증발산이 증가하고 하천으로 흘러드는 물이 줄어 수자원 고갈 현상을 겪게 되었다.

1960~70년대 우리나라의 산림 녹화 사업으로 많이 심었던 리기다소나무는 바늘잎나무이며 도입종이라는 점에서 애초부터 문제를

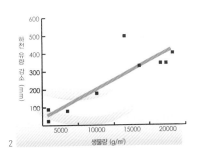

2

1. 헐벗은 산의 모습.[20]
2. 호주에서 도입한 유칼리나무의 숲이 성장함에 따라 하천의 물이 줄어들었다.[21]

안고 있었다. 그때는 우리의 산림자원학이 충분히 성숙하지 않아 긴 안목의 숲 가꾸기 방향을 제시하지 못했던 까닭이다. 이제 제대로 된 사후 처방을 해야 할 상황이다. 그런데도 지금 잣나무 묘목을 키워 사업을 하려는 분과, 건조한 지역의 산불 지역에 소나무를 심어야 한다고 주장하는 분은 유역의 물 사정도 한 번 정도 고려해 보시라. 동해안 지역의 산에 소나무를 심기 전에 송이 채취를 포함하는 이익과 함께 유역의 물 순환이 어떻게 달라질 것인지 사전에 모의실험을 해 보는 지혜가 필요하다.

한편 산이 푸르게 되는 동안 전국 곳곳에 있는 강둑의 나무들은 시나브로 잘려 나갔다. 우리의 강변은 시멘트로 덮여 그 모습은 흉측하다. 이제 준천사에 새겨진 조상들의 뜻을 받들어 삭막해져 버린 물가의 옛 모습을 되찾자. 이제 강둑에 나무를 심자. 4월 5일이면 나무를 심으면서 사진을 찍어 자랑할 필요가 있는 분들이 식목 장소로 왜 아직도 산을 고집하고 있는 것일까? 물론 강변에 심어야 할 나무는 그곳의 생태에 맞는 나무여야 하는 것은 당연하다. 이제는 먼저 우리 강변에 서 있어 물을 깨끗하게 하고 새와 물고기를 불러 모으던 나무들이 무엇이었는지 되돌아볼 때가 아닌가?

지금은 그 취지가 많이 퇴색된 식목일의 의의를 곱씹어 볼 때가 되었다. 식목일은 지난날 헐벗은 산을 녹화하기 위해 시작한 이름이지만 지금은 구태가 난다. 더구나 그 이름에는 숲을 가꾼다는 뜻이 들어 있지 않다. 나무 '목(木)' 자가 강조되어 키가 작은 식물을 잡목과 잡풀로 우습게 보는 경향을 낳았다. 숲은 큰 나무를 심는 것만으로 유지되는 것이 아니다. 작은 떨기나무와 풀이 함께 어우러질 때 크고 작은 동물과 미생물이 모여 생물 다양성을 이룬다. 이제 시대에 걸맞은 숲 가꾸기의 날을 기리는 멋진 이름을 생각해 볼 때이다.

그냥 순수한 우리말로 '숲돌보기날'이나 '숲가꾸기날'이라고 하면 어떨지?

다듬고 주어 내는 손길

겨울을 넘기고 나면 도시 녹지가 다듬어지는 경우를 흔히 본다. 그저 깔끔하게 만드는 데 익숙해진 손길을 받아 잔가지와 큰 나무 아래 자라는 작은 키의 떨기나무와 풀들은 잘려 나간다. 그러나 큰 나무를 키워 목재를 생산하는 일이 숲의 목적이 아닌 곳에서 작은 가지와 식물들을 잘라 내는 것은 그다지 칭찬할 일이 아니다. 잡목과 잡풀로 불리는 가녀린 생명들도 제자리에 놓여 있으면 여러 가지 좋은 일을 한다.

식물 자체는 이미 탄소를 간직하고 있어 이산화탄소 발생량을 감소시킨다는 사실은 말할 필요도 없다. 이제 생각해 볼 일이다. 우리 도시에서 잘리는 잡풀과 잡목의 양이 어느 정도이며, 그 속에 간직되어 있는 탄소가 어느 정도인지?

땅 위에 촘촘하게 자라는 작은 나무와 풀은 비가 올 때 흐르는 물길을 더디게 한다. 물길을 더디게 하는 만큼 더 많은 물들이 땅속으로 스며들게 하여 지하수를 보충시킨다. 흐르는 물의 힘과 양이 줄어드니 씻겨 가는 토사 유실량을 감소시키는 데 일조한다. 이것은 숲의 토양과 주변 수자원을 동시에 보호하는 것이다.

잡목과 잡풀은 지면에 자라는 동물들이 깃드는 서식처를 제공한다. 줄기가 많은 작은 나무들과 풀은 바람에 떠도는 낙엽을 붙잡는 데는 큰 나무

▼ 큰 나무 아래에서 자라는 작은 나무와 풀을 잘라 내어 낙엽이 흘러내린 모습.[25]

▲ 벌레들을 위해 일부러 쌓아 놓은 일본 동경 도시 공원의 나뭇단.[24]

가 따를 수 없는 탁월한 재주를 가졌다. 그 낙엽들은 벌레들의 먹이가 되고, 벌레는 또한 새들과 네 발 달린 짐승들의 먹이가 된다. 생울타리 아래 우거진 작은 키의 떨기나무와 풀은 동물들이 적이나 더위를 피하기에 안성맞춤인 환경을 만들어 놓기도 한다.[22] 그런 동물들의 배설물은 풀과 나무가 자라는 영양소를 공급하고, 먹다 남긴 물질과 함께 썩어서 토양 유기물을 보탠다. 이것이 자연에서 일어나고 있는 오묘한 순환과 협동 과정이다.

가지와 잡목, 잡풀을 잘라 내면 식물체에 포함된 영양소들을 없애기 때문에 그곳의 땅은 점점 척박해진다. 보다 못한 사람들이 언젠가 비료를 뿌릴 것이니 또한 귀중한 국민의 세금을 낭비하고, 주변 수계의 부영양화까지 조장하게 될 것이 뻔하다. 무엇보다 잡목으로 분류되는 하층 식물들은 잘리면 태워져 이산화탄소와 대기 오염 물질이나 쓰레기로 둔갑하기 십상이다.

그 숲이 특정한 목재를 생산하는 곳이 아니라면, 숲이 쏘다녀야 할 놀이 공간이 아니라면, 그저 보기에 손길이 덜 간 곳으로 보인다는 이유로 중요한 자연 자원을 쓸데없이 잘라서 폐기물로 만들어서는 아니 된다. 설혹 사람들에게 귀찮고 보기 싫다고 하더라도 도시의 모든 숲이 말끔하게 다듬어져야 할 까닭은 없다.

죽은 나무를 말끔하게 잘라 내는 일도 안타깝다. 일본 동경의 한 도시 공원에는 일부러 죽은 나무들을 집어넣은 모습을 볼 수 있다. 사진 속의 팻말에는 벌레 '충(蟲)' 자가 보인다. 무슨 말을 하고 있는 걸까? 일본어를 아는 사람에게 물어 보라. 곤충들을 위해서 그렇게 했다고 할 것이다. ● ● ●

어른과 아이가 함께 있어야

대가족을 들여다보면 노숙한 어른과 장년, 그리고 사춘기에서 어린이에 이르는 식구들이 어우러져 사는 모습이다. 장년은 어린이와 노인을 물질적으로 부양하고, 노년에 다다른 세대는 경험으로 축적된 정보를 다음 세대에 전달한다. 또한 일반적으로 어린이와 사춘기에 이르는 나이의 젊은이에게는 변화 그 자체가 속성인 반면에 노숙한 어른은 정신적, 물질적으로 변화를 달가워하지 않는다.

이제 발달 단계가 다른 세 가지 생태계가 이웃해 있는 경우를 생각해 보자. 지금 막 천이를 시작하는 생태계는 인간 세계의 어린아이처럼 물질을 쌓아 갈 생물 수단이 부족하다. 생물 수단이 주변의 장년기와 성숙기에 있는 생태계로부터 전달됨으로써 정보와 정보 가공에 필요한 물질을 조금씩 축적하기 시작한다. 장년기에 있는 생태계는 변화가 많고 외부 자극에 능동적으로 반응함으로써 생태계 부의 척도인 생물 정보를 쌓아 가는 반면에 성숙한 생태계는 비교적 안정되어 있다. 장년기의 사람은 많은 것을 생산하고 남겨서 넘칠 정도로 풍족하지만, 노인은 그것들을 수용하여 소화시킬 여지를 안고 있는 이치와 비슷하다. 따라서 이웃한 젊은 생태계는 가공한 물질을 주는 반면에 성숙한 생태계는 받는 경향이 있을 듯하다. 이러한 경향은 일찍이 스페인의 저명한 생태학자 레이몽 마갈레프(Ramont Margalef)가 내건 가설이지만 아직 검정된 바 없다.

이것은 벌이가 좋은 젊은이들이 나이든 어른을 부양하는 것과 같다. 물질의 상대적인 쌓임 속도는 젊은 생태계가 더 크기 때문에 그것이 더 자연스럽다. 반면에 늙으신 부친이 지난날 경험으로 축적한 정보를 아들에게 제공하듯이 성숙한 생태계도 물질을 부양하는 젊은 생태계에 무엇인가 보답하는 체계를 갖고 있진 않을까? 나는 아마도 그 보답이 아직 우리가 알 수 없는 자연의 정보일 것이라고 가상한다. 요컨대 젊은 생태계는 물질의 주개이며 정보의 받개이고, 성숙한 생태계는 정보의 주개인 반면에 물질의 받개가 아닐까? 그러나 내가 던지는 이 가설을 살펴보기에는 생태계의 정보라는 개념이 아직도 지나치게 추상적이다.

추측건대 동물의 경우 조금 위험하지만 에너지가 넘쳐 새싹과 유기물 생산이 왕성한 젊은 생태계에서 먹이를 찾기가 더 쉬울 것이다. 그러나 "긴 하루 어느덧 가고 황혼이 물들면, 집 찾아 돌아가는 작은 새"라는 노랫말이 있듯이 상대적으로 변화가 적어 조용한 곳에서 밤의 인식을 도모하지 않을까? 마치 하루의 일과를 끝낸 어린이, 아빠와 엄마, 그리고 할아버지와 할머니가 가정에 모여 조용하고 차분한 대화의 시간을 가지듯이 동물은 중요한 삶의 방편을 성숙한 생태계에서 전수하고 전수받을지도 모른다. 🏵

머나먼 이국의 생태

1994년 7월 한 달 동안 나는 영국의 하펜던(Harpenden)에 머물 기회가 있었다. 하펜던은 런던에서 기차를 타고 북쪽으로 45분 정도 걸려 갈 수 있는 작은 도시이다. 그곳을 찾은 까닭은 1843년에 설립되어 영국 사람들이 세계 최초의 장기 농업 생태계 연구소로 자랑하는 로담스테드 연구소(Rothamsted Experimental Station)가 있기 때문이다.

1850년대부터 환경 변화와 비료 첨가에 대해 토양이 어떻게 달라지는가를 실증적으로 확인할 수 있는 준비를 해 놓은 것은 이 연구

▼ 영국 런던에서 기차를 타고 북쪽으로 45분 정도 걸리는 하펜던의 농촌 풍경.[5]

1

2

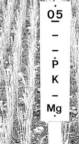

3

소의 큰 자랑거리다. 이 연구소에서는 150년 전부터 농경지 일부를 실험용으로 할당하고 여러 가지 다른 배합의 영양소 일정량을 매년 토양에 첨가하고 관리하며 그곳에서 토양을 채취하여 커다란 창고에 보관하고 있다. 그 토양을 분석하면 주변의 산업화에 따라 오염되어 온 150년가량의 토양 역사도 확인할 수 있다.

그곳에 머무는 동안 로열쇼를 보러 갔었다. 그해 로열쇼는 영국 중서부의 작은 도시인 버밍엄과 코벤트리 부근에서 있었다. 그곳은 하펜던으로부터 자동차로 꼭 1시간 30분의 운행 거리만큼 떨어져 있는 작은 읍이었다.

로열쇼는 1년에 한 번 열리는 귀한 행사였기 때문에 내게는 좋은 관광거리였다. 영국에서 숙소를 제공해 주셨던 한국계 주인 할머니의 말씀대로 특히 꽃 전시장이 일품이었다. 인색한 내가 그것만으로도 필름 한 통을 모두 소비했으니 말이다. 과학적인 전시도 관심을 끄는 내용들이 있어서 좋았다. 그곳에서 농부는 자신의 생산품을 전시하고, 대학교수는 자신의 연구 성과품을 내걸고 있었다. 우리나라에서는 대부분의 연구 성과품이 상아탑 안에서 잠들고 있는 반면에 영국 땅에서는 교수와 현장에서 일하는 농부들이 어울릴 수 있는 문화가 엿보였다.

4, 5. 영국의 로열쇼에서 본 모습.[20]

영국 하펜던에 있는 장기 농업 연구소에서 비료 효과를 비교하는 시험장 원경과 현장, 그곳에서 매년 채취한 토양을 보관하는 창고[7]
1. 시험장 전경.
2. 질소, 인산, 칼륨, 마그네슘 공급.
3. 인산, 칼륨, 마그네슘만 공급. 질소 비료를 전혀 주지 않아 작물이 잘 자라지 못하는 모습이 뚜렷하다.
▼ 1850년대부터 토양 시료를 채취하여 보관하는 창고.

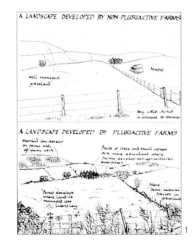

생울타리를 만들자

어떤 교수의 간단한 작품이 눈길을 끌었다. 철조망 주변에 생울타리를 곁들이면 생물 다양성을 높일 수 있다는 지극히 단순한 작품이었다. 이러한 생울타리는 야생 동물이 사람을 피해서 이동할 수 있는 통로 역할을 하게 된다. 농부들과 갈등의 소지가 있지만 새들의 입장에서는 먹이가 있는 경작지로 가기 전에 울타리가 있다면 일시적인 은신처가 될 수 있다.[28] 이것들이 하고 있는 생태적 기능을 말하자면 경관생태학에서 말하는 통로이며, 식생 완충대이며, 한때 우리 전통 마을을 자리 잡고 있던 숲띠의 일종이 아닐까?

영국 중서부에 위치한 웨일스(Wales) 지방과 런던을 중심으로 하는 잉글랜드 지방의 경관에서 꼬리를 잇는 생울타리는 보편적인 현상이었다. 로열쇼의 전시품은 그 중요성을 새삼 강조하는 것이었을 뿐이다.

내가 어린 시절을 보낸 반도의 남녘땅에도 아름다운 생울타리의 풍경이 있었다. 생울타리 속을 누비며 지저귀던 새소리도 정겨웠다. 탱자나무와 사철나무가 고향에서 많이 볼 수 있었던 생울타리 소재였던 것으로 기억된다.

월성 손씨와 여강 이씨의 집성촌인 경북 경주시 양동마을은 흙을 밟으며 걸을 수 있는 길과 탱자나무 울타리가 많이 남아 있어 찾는 이의 마음을 푸근하게 한다. 전남 해남에 있는 고산 윤선도의 고택인 녹우당 담은 덩굴식물로 덮여 있어 더욱 아름답다. 역시 세월이 흘러도 전통이 남아 있는 모습의 일부가 아닐는지.

생울타리에는 참새가 떼지어 살고
쌀광 속에는 구렁이가 웅크렸다.

어린 시절 볼 수 있던 생울타리는 어느새 살벌한 시멘트 담으로 바뀌었다. 지금은 많이 없어졌지만 한때 수많은 기념 건물을 미색으로 칠하던 획일성, 그리고 앞서 언급한 강가의 나무 제거 작업과 함께, 이것은 새마을 운동이 이 땅에 안겨 준 또 하나의 부정적인 측면이 아닐까 생각한다.

단순한 것을 미덕으로 삼던 군인과 짧은 시간에 가시적인 작품을 분명하게 보여 주는 어쭙잖던 토목 행위의 절묘한 맞장구가 시시덕

1. 생울타리를 권장하는 영국 로열쇼의 전시품.[20] 두 그림의 지형은 똑같지만 아래의 경우에는 철조망 주변에 풀과 나무가 있다는 점에서 차이가 있다.

2, 3. 우리나라 남녘땅에 아직 남아 있는 생울타리와 담.[30]

2

3

거리며 이 땅을 지배하던 어두운 시절의 한 단면이다. 그때 유행하던 군사 시대에 맞는 구호들은 마냥 칭찬할 일만은 아니다. 결코 부정할 수 없는 좋은 점도 있지만 후유증도 만만치 않기 때문이다.

이것은 모두 "잘살아보자", "하면 된다", "굵고 짧게" 그리고 "빨리빨리"가 흥행하던 날들이 남긴 한탕주의의 산물이다. 하면 되지만 안 되는 것을 되게 하면 누군가 괴로워야 한다. 굵고 짧은 부분의 운명은 전체에 이익이 되기도 하지만 문화가 굵고 짧으면 곤란하다. 그러한 문화는 한때 중국 대륙을 지배했던 만주족의 청나라처럼 이 땅에서 그렇게 사라지는 것이다. 빨리빨리는 이제 이웃 나라 사람들까지 힘들게 하는 말이 되었으니 두말할 필요도 없겠다.

> 우리는 너무 허둥대지 않았는가
> 잘살아보겠다고 너무 서두르지 않았는가
> 이웃과 형제를 속이고 짓밟고라도
> 잘살아보겠다고 너무 발버둥치지 않았는가
> ─ 신경림, 『어머니와 할머니의 실루엣』

남미 아콩카과 캠프에서 논문 주제로 생각했던 '새마을 운동의 생태적 의미'는 언젠가 한번 짚어 봐야 할 숙제지만 아직은 시간이 없다. 지리학 분야의 논문에서 언뜻 비슷한 내용을 본 것 같기도 하지만……

거기에는 긍정적인 요소와 함께 부정적인 요소가 동시에 도사리고 있었다. 이제 긍정적인 요소는 많이도 퇴색하고 내 눈에는 어지러이 놓여 있는 부정적인 뒷모습이 보인다. 아마도 마음이 병든 탓일 게다. 그 병은 상당 부분 내 탓이겠지만 이 땅과 인연에서 비롯된 것도 조금은 있지 않을까.

한때는 시멘트 담 위에 깨어진 유리병들을 박아서 더욱 살벌한 풍경을 자아내기도 했었다. 요사이 그런 모습이라도 많이 줄어든 것은 그나마 희망적인 일이다. 이제 벌레와 새들의 입장에서 생울타리와 시멘트 담을 비교해 볼 수 있는 여지가 우리에게 생겼을까? 한때 나는 이 땅에 모든 시멘트 담을 허물고 생울타리를 복원할 수 있는 분위기가 일어난다면 더 이상 환경 문제를 걱정하지 않아도 될 것이라 보았다. 그리고 실제로 학교와 공공 기관이 시멘트 담을 헐어 내는 운동이 일어나고 있다는 흐뭇한 기삿거리를 보기도 했다.[31]

그런데 일은 그렇게 간단하지 않았다. 일부 공공 기관은 시멘트 담이 있던 자리에 자연석을 놓고 소나무를 심어 놓은 곳도 보인다. 어딘지 모르게 일본의 솜씨에 영향을 받은 듯 깔끔을 떨고 있다. 투박한 내게는 왠지 그런 풍경이 익숙하지 않다. 좋은 면은 당연히 일본으로부터 배워야 하겠으나 콘크리트 바탕 안으로 자연석을 옮겨 넣는 조경은 아무래도 좀 거슬린다. 여기서는 사진만 보지 말고 사진 바깥에 있을 오늘날의 우리 도시 모습도 함께 상상해 보면 좋을 것이다.

그러고 보니 근래에 크게 자란 소나무가 도시의 조경 소재로 사용되는 경향이 자꾸만 늘어나고 있다. 그들은 도대체 어디서 오는 것일

1. 담을 허물고 자연석과 소나무를 옮겨서 심은 구청의 모습.[32] 그러나 자연석과 제법 자란 소나무를 다른 곳으로부터 옮겨서 만든 것이라 어쩐지 그들이 자리 잡고 있던 원래의 자연을 훼손한 대가인 듯하여 불안하다.

2. 일본 교토 부근의 생울타리들.[33] 한적한 지방에 자리 잡아 비교적 정겹다. 그러나 손질을 많이 하고 일부는 자연석을 곁들인 모습이 우리 땅에서 흔히 보던 전통적인 시골 생울타리와 달라 보인다.

까? 그다지 어울리지 않는 그 풍경을 한 꺼풀 벗겨 보자. 반드시 그런 것 같지는 않지만 소나무는 어디선가 키워서 옮겨 심었을 수도 있다. 자연석은 어디에서 왔을까? 분명히 자연 속 어딘가에 있던 것이리라.

개발해야 하는 공사장에서 가져오는 것들도 있겠으나 돈을 노리는 장사꾼들이 일부러 자연을 파헤쳐서 수집한 것은 없을까? 오고 싶지 않은 나무와 바위들이 냄새나고 볼품사나운 콘크리트 속으로 끌려 온 것은 아닐까? 그렇다면 공공시설 주변에 크게 자란 소나무와 자연석으로 조경을 하는 일은 국민의 세금을 들여 간접적으로 자연의 훼손을 돕는 셈이다. 유물이 제자리에 있어야 빛이 나듯이 나무와 돌도 제자리에 있어야 빛이 나는 법이다.

골프장 유감

영국의 지형은 굳이 불도저로 땅을 잘라 내지 않아도 자연스럽게 골프장이 이루어질 수 있는 지형을 갖추고 있다. 양치기들이 심심풀이 공치기 놀이에서 골프를 발전시킨 유래는 그런 지형에서는 당연해 보인다. 기억을 더듬어 보건대 대부분의 미국 대학교마다 소유하고 있는 골프장도 가파른 산을 깎아 만든 것 같지는 않았다.

하지만 우리나라에서는 필요 이상의 골프장을 만들기 위해서 수려한 산수를 훼손하고 있다. 지형에 맞지 않은 놀음에 우리를 억지로 끼어 맞추려는 끊임없는 사대주의라고 한다면 지나친 비약일까? 월나라의 경국지색 서시의 찡그림이 매력적이라 뭇 여인들이 흉내 내어 찡그리고 다녔다 하여 효빈[1]이란 단어가 생겼다더니, 자신의 처지를 되새겨 보지 않고 남을 따르기는 예나 지금이나 우리네 인간의 속성인가?

그렇다고 골프장이 이 땅에서 추방되어야 한다는 뜻은 아니다. 문

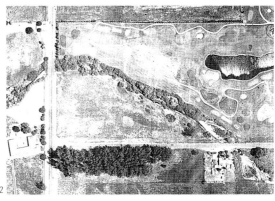

1, 2. 미국 캘리포니아 주에 있는 한 골프장과 주변 식생 완충대를 보여 주는 사진과 항공사진.[30] 사진 오른쪽에 보이는 식생 완충대는 골프장에서 흘러나오는 오염을 줄이고, 새를 불러오기 위해 환경 단체에서 만든 것으로 항공사진에서 공간 분포를 짐작할 수 있다.

제가 지나침에서 발생한다면 그것을 자제하면 좋겠다. 골프 인구가 늘어난다고 무턱대고 골프장 건립으로 대응하는 것은 어리석다. 가난한 집에서 사랑이 지나쳐 아이가 울 때마다 장난감을 사주는 일은 집안과 아이를 모두 망치는 길이다.

무엇보다 토지 이용에서 골프장의 적합성 여부는 그것이 위치하는 주변 지역과 얼마나 잘 조화하고 있느냐 하는 관점에서 보아야 한다. 경우에 따라 골프장은 주변 지역에서 발생하는 오염원을 완충하는 역할도 할 수 있다. 심지어 스페인에서는 골프장을 오수 처리 수단으로 이용한 사례도 있다.[35] 골프장 식물이 오수에 포함된 물과 물질들을 기반으로 살 수 있기 때문이다.

모든 환경 문제는 주변 지역과 조화를 이루지 못할 정도로 과도하거나 잘못된 토지의 이용과 관리 때문에 발생한다. 따라서 골프장을 에워싸고 있는 경관 요소로서 바탕이 무엇이며, 그 바탕에 얼마나 적절한 정도로 골프장이 자리를 잡았느냐에 따라 골프장의 토지 이용 적합성 여부가 판정되어야 한다. 이를테면 경관 바탕이 농경지인 경우와 숲인 경우는 골프장의 지구화학적, 생물학적, 미적 요소의 생성처와 소비처로서 기능이 서로 달라질 수밖에 없다. 우리나라와 같이

1, 2. 덕유산 국립공원 안의 스키장과 나무의 죽음.[36]

골프장이 밀집하는 현상도 이런 맥락에서 비판될 수밖에 없다. 마치 한 호수에 영양소가 과도하게 쌓이면 부영양화 문제가 발생하듯이, 한 지역에 골프장이 밀집되면 여러 가지 문제가 야기될 수밖에 없다.

골프장 난립이 우리네 지형을 무시하는 어리석음이라면 스키장 난립은 우리네 기후를 무시하고 따르는 사대주의에서 비롯된 것이 아닐까? 전라도 땅에서 덕유산 국립공원을 깔아뭉개어 스키장을 건립했다. 눈이 많은 곳이 아니니 사람과 돈, 에너지, 시간을 들여 눈을 만들어야 한다. 그것뿐이면 좋겠다. 에너지를 만들기 위해서 화석 연료를 태우니 그에 따르는 환경 훼손까지 연결시켜 볼 여유는 우리에게 없다. 무엇보다 그리고 나니 강원도 땅에서는 발왕산을 문대어 스키장을 건립하지 못할 사유를 대라고 한다. 돈에 눈이 어두워 못된 짓은 모두 따라 하려는 마음은 어디서 비롯된 것일까? 덕유산 국립공원 안에 스키장을 두는 처사로 관련 부처는 이미 발목이 잡혀 버렸다.[37]

이제 골프장과 스키장, 목장이 속하는 수계에는 자체 수질 검사를 의무화할 필요가 있다. 왜 우리나라 환경 관련 법에서는 좁은 공간에 국한되어 있는 공장의 폐수에 대해서는 수질 측정 의무 조항을 두면서 더 큰 환경재를 사용하고 있는 골프장과 목장의 방류수는 규제하지 않고 있는 것일까?

이 땅에 골프장, 스키장, 목장을 허용하는 한 그에 대한 국민의 올바른 인식을 위해 합리적인 접근이 시급하다. 바로 그것을 위한 직접적인 준비는 현장에서 수집된 자료로 판단 근거를 제시하는 일이다. 그러므로 골프장 관리자는 적어도 다음 사항들을 장기적으로 측정하고 분석하여 주민의 불신을 줄여 가도록 노력해야 할 것이다. 측정 대상으로 우선 생각나는 항목을 꼽아 보면, 비가 올 때 발생하는 지표 유출수 양과 질, 주변 수계의 물리화학적·생물학적 특성 변화이다. 좀 더 나아가 토양 영양 상태, 식물 및 토양 동물과 미생물상 및 활동, 토양 호흡 및 기체 발생량도 측정해 두면 골프장이 주는 생태학적 득실을 가름할 수 있다.

이러한 과학적 분석 없이는 골프장과 스키장, 그리고 목장의 수혜를 받는 사람과 환경 보호를 내세우는 사람들 사이에 일어나는 괴리는 영원히 좁힐 수 없다. 또한 이러한 자료들의 축적만이 앞으로 골프장과 스키장 건립에 대한 합리적 환경 영향 평가를 가능하게 할 것이다.

생각해 보라. 주변의 자연환경의 질이 악화된다면 골프장과 스키장이 유지될 수 있을까? 모든 계(system)는 자신의 본질을 지키기 위해 유지비를 투자해야 한다. 마찬가지로 놀이 공간은 결국 주변 자연을 이용하고 또 그것의 존재로 유지될 수 있기 때문에 주변 자연에 유지 비용을 제공해야 마땅하다. 주변을 관리하고 질을 유지하는 것은 장기적인 안목에서 사업의 영속성을 위한 조치이다. 그렇다고 돈을 겨냥하는 측정 대행업체를 통한 환경 감시는 돈을 제공하는 골프장과 유착할 수밖에 없다. 따라서 공신력 있는 비영리 기구가 환경 장기 조사를 맡도록 하는 것이 바람직하리라 믿는다. ● ● ● ●

따로 보기 16

이 땅의 축산과 환경 문제

대규모의 집약적인 목장과 수입 사료에 의존하는 축산이 우리 땅 우리 기후에 맞는 처사인지 따져 봐야 마땅하다. 사료를 사서 소를 치는 과정을 거치다 보면 자연히 먹이사슬을 따라가며 에너지 낭비가 발생하게 된다. 그러니 차라리 소고기를 사 먹는 것이 인류의 에너지 사용 효율 면에서 훨씬 경제적일 수도 있다. 에너지가 농축된 소고기 대신 희석된 사료를 사서 들어오니 본질적으로 축산이라는 농축 과정에 엔트로피가 이 땅에서 발생하게 된다.

이런 사실들을 고려하면 대규모 목장은 그다지 환영할 만한 경관이 아니다. 기후에 맞지 않는 목장과 사료 구입을 전제로 한 축산업은 필경 이 땅에 오염을 불러오게 되니 이제 득실을 따져 봐야 한다. 남의 흉내 내기를 고집하기 전에 경제적, 문화적, 정서적인 측면에서 차분히 따

져 볼 마음의 여유를 가져야 한다.

결코 정부의 장려 정책을 충실히 따라온 우리나라 축산 농가를 비난하자는 뜻은 아니다. 오히려 대규모 목장과 전적으로 사료 수입에 의존하는 축산에 대한 반성의 여지를 가지고, 물질적인 요소뿐만 아니라 정서적인 부분까지 고려하여 현명한 대안을 생각해 보자는 뜻이다.

오늘날 이 땅에 우유가 남아돌아 그것을 보관한다고 서민에게는 천문학적인 액수의 돈을 낭비한다. 이는 장기적인 안목으로 축산 정책을 마련하지 않았기 때문에 발생한 일이다.

따로 보기 10 '환경 문제와 물질 순환'에서 소개한 것처럼 사료 수입과 돼지고기 수출로 유지되는 축산업 때문에 네덜란드는 수질이 악화되고 암모니아 독성으로 숲이 훼손되는 문제가 심각하다는 얘기를 들었다. 네덜란드 학자들이

52

▶ 이 소들이 먹는 사료는 어디서 오고 배설하는 물질은 어디로 갈까?

문제를 지적하지만 돈을 가진 축산업자들이 로비 활동으로 정치가를 움직이기 때문에 쉽게 고쳐지지 않는 병폐라고 했다. 상식이 정치가를 움직이기까지는 시간이 필요하겠지만 그 상식을 한시바삐 실천하는 것이 좋겠다.

한때 소양호의 부영양화에 크게 기여했던 가두리 양식장은 육상에서 이루어진 축산과 비슷한 상황이다. 물고기 사료를 물에 보태면 일부는 물고기의 생물량으로 전환되지만 상당한 양의 영양소는 물에 축적된다. 다행히 소양호에서는 장기적인 수질 측정 자료 덕분에 가두리 양식장이 수질 악화의 주범으로 가려질 수 있었다. 덕분에 가두리 양식장은 10년의 허가 기간이 지난 다음 더 이상 조업이 허용되지 않았다. 양식업이 중단되자 소양호의 수질은 빠르게 회복되었다.[30]

백두대간 지나온 발길마다

대학 시절부터 내 심신을 키워 준 서울대학교 문리대 산악회는 1994년 4월부터 10월까지 백두대간 산행을 계획했다. 산행을 시작할 무렵 나는 '한국의 생물다양성 2000'이라는 거창한 이름의 작업에 관여되어 있었다. 이 일은 많은 사람들이 나누어 보관하고 있던 정보를 짧은 기간에 한자리에 모으는 작업이었다. 일을 주관하셨던 펜실베이니아 주립대학교 김계중 교수가 마침 풀브라이트 교환 교수로 환경대학원에 연구실을 가졌던 인연으로 나도 한 가지 임무를 맡았다. 내 임무란 김 교수를 도와 여러 사람과 원활한 연락을 도모하는 것이었다. 그리하여 짜증스러울 정도로 쇄도하는 전화와 팩시밀리를 통해 몰려오는 정보를 교통정리해야 하는 일에 부대껴 그해 봄에는 산행에 참여할 기회가 없었다.

그러던 중 학기가 끝나자마자 한국과학재단의 지원으로 영국으로 연구 여행을 떠날 수 있었던 것은 여러모로 다행이었다. 100년이 넘도록 장기적인 실험을 계속하고 있는 연구소의 분위기를 익힐 수 있는 기회였고, 무엇보다 지친 심신을 달랠 여유가 생겨서 좋았다. 또한 영국 중부 대서양 연안에 자리 잡은 방고르의 육상 생태계 연구소의 초청을 받아 그때까지 내가 진행했던 연구를 소개하고, 이산화탄소 증가와 질소 과잉에 대한 생태계 반응에 관한 그들의

연구도 답사하였으며, 연구소장과 학생을 교환하는 협력 관계도 논의했다.[40]

영국에서 돌아오는 길에는 그동안 숙제로 남겨 두었던 미국 옐로스톤 야외 강좌 참여도 실행에 옮겼다.[41] 미국 산림청에 근무하는 학자가 진행하는 공원의 야생화 관찰 프로그램과, 40년이 넘도록 현장에서 공원생태학자로서 활동한 분의 경험담, 그리고 인디언들의 유적을 연구하는 고고학자의 강의를 차례로 들으며 국립공원이 해야할 일에 대한 생각도 정리할 수 있었다. 풍부한 자연 자원뿐만 아니라 산불 지역의 남겨진 모습, 여행객들의 발길에 밟힌 길의 침식을 줄이기 위한 노력들은 그때 모두 사진 자료로 만들 수 있었다.

8월 초 귀국했을 때, 백두대간 산행을 기획했던 김일명 선배는 내게 대관령 남쪽과 북쪽의 두 구간을 맡도록 명령했다. 그리고 8월 27일 오후 늦게 서울을 떠날 때는, 교통사고로 지금은 고인이 되신 공응대 선배 그리고 강돈구 산우와 함께였다.

8월 28일 일요일 새벽, 여관 주인아저씨의 도움으로 자리에서 일어났다. 전날 강돈구 박사와 소주 두 병을 나누어 마신 것은 좀 과했던 모양이다. 심한 갈증이 느껴졌다. 우리는 구산 간이 휴게소에서 백두대간 보전협의회 소속인 두 분을 만났다. 지난여름 공 선배가 백두대간 남쪽구간의 산행 중에 만난 분들이라고 했다. 그중에서 여자 분은 산행에 동참하기로 하고 남자 분은 닭목재까지 교통 편의를 봐주기로 섭외가 되어 있었다.

닭목재에 도착하니 비가 부슬부슬 내리기 시작했다. 고개 위엔 성황당이 있었지만 이미 시멘트 문화가 침입하여 향토적인 운치를 느

▼ 대관령의 남북으로 연결되어 있는 백두대간 일부 구간 지도.

끼게 하기는커녕 차라리 비애감을 안겨 주었다. 성황당 가까이 숲의 참나무 주변에서 토양을 채취했다. 토양은 비교적 잘 발달되어 있었다.

산행 시작 지점인 닭목재를 출발할 때는 여전히 이른 아침이었다. 닭목재에서부터 북쪽으로 이어지는 백두대간의 오른쪽 비탈은 목장 부지로 선정되어 있어 철조망이 깔려 있었다. 그리고 한 시간을 걸은 다음 다시 목장이 능선 양옆으로 나타났다. 차가 다닐 수 있는 길도 두 번이나 건넜다. 목장을 벗어나기 전에는 약 200~300미터의 길이로 백두대간을 따라 길을 만들어 놓았다.

공 선배는 목장을 만들어 고기를 먹을 것이냐 아니면 숲을 남겨 맑은 물을 마실 것이냐 하는 의문을 제기하며 목장으로 바뀌어 가는 숲을 애통해했다. 사실 이 부분은 내가 꺼내야 할 말이다. 하지만 나는 왜 목장과 골프장을 끼고 있는 수계에 장기적인 수질 측정을 의무화하는 규정을 만들지 않는 것인지 마음속으로 꿍꿍거리고만 있을 뿐이다.

산행이 계속되는 동안 빗줄기는 더욱 굵어졌다. 이미 옷들은 흠뻑 젖은 채 고루포기산 정상에 도착했다. 그동안 비는 더 심해졌다. 대충 몇 장의 사진을 찍고 다시 북쪽으로 길을 떠났다. 그때부터 내 무거운 짐은 강 박사가 지고 나는 지도를 잡았다. 하지만 20분가량 걷다가 길을 잘못 들었다는 사실을 알았다. 고루포기 산정으로부터 갈림길까지의 거리가 지도로 예측했던 것보다 훨씬 빨리 나타났던 것이다. 나침반의 방향이 너무도 달라서 무언가 잘못 된 것 같다고 몇 번을 얘기해도 공 선배는 아랑곳하지 않았다. 실랑이 중에 강 박사가 지도를 확인하고는 대뜸 잘못되었다고 단정했다. 결국 5분 정도 되돌아 걸어 길을 찾았다.

백두대간을 잇는 길은 상대적으로 뚜렷하지 않은 편이기 때문에 나침반으로 방향을 잡지 않으면 쉽게 길을 놓칠 수 있다. 그러나 조금만 주의했다면 그런 실수는 하지 않았을 것이다. 중간에 아리송한 곳이 몇 군데 있었지만 먼저 간 산행 팀들의 표식기가 좋은 길잡이가 되어 주었다. 처음 한 시간 반 정도는 가야 할 방향을 찾기가 쉽지 않았다. 그러나 고개에 이르러서부터는 지도상으로 가는 방향이 뚜렷한 것 같았다. 그때까지 진행 속도로 보아서는 2시 30분 정도면 대관령에 도착할 수 있을 것으로 예상되었다.

　비는 끊임없이 내렸다. 우중에 마땅히 앉을 자리도 없어 대충 간식을 먹으며 목적지인 대관령에서 점심 식사를 하기로 합의를 보았다. 주변에 길게 군락을 이루고 있는 버섯을 카메라에 담으며 20분가량 휴식을 취했다. 이제 강 박사는 무겁다며 내게 다시 짐을 맡기고 길잡이 임무로 복귀했다.

　그런데 얼마 가지 않아 또다시 길을 잘못 들었다. 마침 비는 그쳐 있었다. 사실 가면서부터 안개와 비가 가시어 삼양 목장이 보인다며 원경을 즐기던 곳이 바로 잘못된 선택의 시초였다. 강 박사가 숙련된 길잡이라 방심을 한 탓으로 왕복 한 시간을 넘게 헛걸음을 한 셈이다. 갈 때는 힘든 줄 몰랐던 언덕길을 거슬러 올라오는 짐이 무게를 더했다. 1시 10분 무렵 방향을 제대로 잡은 다음 점심을 들었다. 아마도 2시 무렵 다시 길을 출발했을 것이다. 그리고 3시 20분에 능경봉에 도착했다. 10분 동안 휴식을 취하고 능경봉을 출발했다. 능경봉부터 대관령까지는 오로지 내리막길이라 4시 10분에는 고속도로 건설 기념탑 앞에서 산행을 종료하는 기념사진을 찍을 수 있었다. 다시 소나기가 시작되고 있었다.

▲대관령 목장 부근의 모습.[42]

일주일 후 다시 대관령에서 산행이 이어졌다. 9월 3일 오후 서울을 떠나 횡계에서 저녁 식사를 해결하고 용평에 숙소를 잡았다. 밤늦은 시간 이 홍규 선배와 서영배 박사는 진고개 산장으로 차를 옮겨 놓기 위해서 떠났고 나는 밥을 지어서 김밥을 20개 정도 말았다. 뒤처리를 서 박사에게 맡겨 놓고 1시 반경 잠자리에 들었다.

일요일에는 새벽 일찍 일어났다. 짐을 대충 꾸리고, 횡계에서 북어국으로 아침 식사를 해결했다. 7시 반에 대관령을 출발했다. 북으로 향하는 발길 왼편으로 거대한 목장이 자리 잡고 있었다. 작은 나라에 갇힌 서러움은 큰 것에 대한 콤플렉스를 일으켜 이 땅에 맞지 않는 토지 이용 형태들을 자리 잡게 한 것일까? 경사지를 깎아 만든 찻길에는 곳곳에 깊은 생채기가 남아 있었다. 회갑 기념으로 남한의 백두대간 전 구간 산행에 참여했던 공 선배 말씀을 빌리자면, 백두대간 지나온 발길마다 목장이나 채석장으로 성한 곳이 거의 없다 한다.

매봉을 겨냥하고 산행을 계속했지만 2시 즈음 도착한 곳은 소황병산이었다. 서 박사의 지도 읽기에 착오가 있었음을 비로소 알았다. 이미 매봉을 한참이나 지나왔으니 결과적으로 산행에 여유가 생겼다. 김밥으로 점심을 해결하고 공 선배의 고집으로 일부는 이홍규 선배의 차로 매봉까지 되돌아가서 사진을 찍어 방문 징표를 가지고 왔다. 그렇게 긴 산행을 마치고 서울로 향했다. 서울로 오는 길에는 기다란 차량 행렬 속에 놓여 집에 도착했을 때는 어느덧 새벽 3시 반이었다.

백두대간 조사 계획을 반성하며

4월에 지리산에서 출발했던 산행 계획에는 백두대간을 따라 북쪽으로 올라오며 달라지는 자연·인문 환경의 변화에 대한 조사가 포함되어 있었다. 산악회는 창립 40주년을 기념하여 백두대간 남한 부분을 40개 구간으로 나누고 각 구간에서 백두대간 동물 통로가 차도나 인도에 의해 잘린 빈도와, 산불이나 기타 인간 간섭에 의한 변화 정도, 쓰레기 양, 토양 채취 등의 조사 목표를 세웠다. 그러나 이 환경 조사 기획은 결실을 보지 못했다. 일이 한참 진행되는 동안 나는 생물다양성 2000 프로젝트에 묶여 여유가 없었다. 학기가 끝나자마자 지친 심신을 안은 채 서둘러 영국으로 떠나 두 달 만에 돌아왔으니 일이 제대로 되었을 리 만무하다.

그동안 산행에 참여했던 회원들이 일부 구간 토양 채취를 하기는 했다. 그러나 그들 모두 문외한들이라 토양을 자신의 연고지로 옮긴 다음 말려서 보관하라는 지시 사항을 지키지 않고 있었다. 대부분 가져온 봉지에 그대로 넣어 두었던 것이다. 실패의 가장 큰 원인은 문외한들이 따라 할 수 있는 표준 조사 방법을 미리 마련해 두지 않은 데 있었다. 또한 조사가 원활하게 이루어졌다 하더라도 산행이 4월부터 10월까지 이어져서 구간마다 다른 시기에 자료를 모았기 때문에 의미 있는 비교를 할 수도 없었다. 창립 40주년을 기념하여 전 구간을 종주해 내는 산행이 일차적인 목적이었던 상황에서 실토하건대 내가 건성으로 만든 환경 조사 계획은 무모했다.

이 일이 언젠가 남북한 산악인들의 협조를 통해 이루어진다면 재미있는 결과를 얻을 수 있으리라는 기대를 해 본다. 각각의 구간을 여러 사람이 일시에 산행하며 조사하는 것은 매우 큰 의미가 있다. 여력이 있으면 봄, 여름, 가을, 겨울의 상황을 비교해 보면 좋겠다.

시간에 따른 변화를 살펴보면 또 다른 시사점을 얻을 수 있을 것이다. 낙엽을 모아 주머니에 담고 각 구간에 둔 다음 분해 속도의 차이를 알아보는 것도 흥미 있는 주제가 될 수 있다. 백두산에서부터 지리산까지 분해 속도를 비교하기 위해서 낙엽이 아닌 표준 물질의 사용도 고려해 볼 일이다. 이를테면 목질부가 많은 나무젓가락이나 순전히 셀룰로오스로 구성된 솜뭉치를 놓아두고 일정 기간이 지난 다음 남은 양을 측정하여 분해 속도를 비교해 볼 수도 있다. 아무튼 이 일은 여러 사람이 어우러져 이룰 수 있는 아름다운 행사를 약속할 것이다. 그러나 그런 행사를 하기 전에 먼저 표준 조사 방법을 마련하는 일이 전제되어야 한다. ● ● ●

조상들의 우리 땅 보기

일제 시대 고토 분지로[小藤文次郎]가 사용하기 시작하여 우리 교과서를 점령한 산맥 개념과 달리 대간과 정맥 개념은 물길을 바탕으로 우리 땅의 지리를 살펴보고 있다.[43] 대간과 정맥의 끝에서 다른 끝까지 이동하는 동안에는 물을 건너는 일이 없어야 한다. 대간과 정맥이 유역을 나누는 분수령이기 때문이다. 대간은 한반도를 연결하는 지리적인 축이며 동시에 생물학적인 관점에서 보자면 동식물의 이동 축이 될 수 있다. 이를테면 백두산 호랑이가 지리산 나들이를 갈 때 백두대간을 따라 평행하게 가는 것이 가장 수월한 이동로가 될지도 모른다.[44] 그러나 이제 그 이동로는 곳곳에서 잘려 분수령의 축을 따라 야생 동물들이 이동한다면 곳곳에서 장애물을 만나게 된다. 이제 지리산의 곰은 덕유산의 곰과 사랑을 나눌 수 없다. 그렇게 되면 좁은 구역에 내몰린 야생 동물들은 근친 교배를 나눌 수밖에 없는 상황에 이른다.

인간 사회에서 친족끼리 결혼할 수 없다는 윤리는 근친 교배가 필경 자연도태로 이어질 수밖에 없다는 사실을 거의 본능적으로 알고 있기 때문에 생겨난 것이다. 그러나 사람들은 생물 서식지의 파편화를 일으켜 동식물의 근친 상간을 천연덕스럽게 유도하고 있다.

▲ 산경도에 나타난 백두대간의 골격.[45]

얼마나 인간 위주의 모습인가? 그럼에도 불구하고 남을 위해 봉사하라고 말하는 인간의 도덕에 나는 더 이상 찬성할 수 없다. 이타적인 행위란 자기를 포함하는 체계가 진화의 과정에서 유리하게 선택되는 데 도움이 된다는 축적된 경험에 근거를 두고 있다. 다른 생물에 대해 윤리적인 책임감을 가지라는 것도 필경 우리가 선택되는 데 그들이 필수적이라는 깨우침에 바탕을 두고 있다. 마치 법과 도덕이 있음에도 불구하고 지키지 않는 사람들이 있듯이 환경에 대한 윤리를 지키지 않는 사람들의 눈을 멀게 하는 요소 또한 분명 존재한다. 그러나 무식은 필경 우리를 도태의 길로 이끌 것임에 틀림없다. 우리 자신이 살아남기 위해서 지켜야 할 윤리는 이제 당연히 자연으로 연장되어야 한다. 이것이 환경 윤리의 바탕이다.

백두대간은 이 땅의 골격이다. 그 골격을 메워서 하나의 모양새를 가꾸는 살은 유역이다. 유역이란 그곳에 떨어지는 빗물이 강을 이루어 한곳으로 모이는 지역이다. 우리 조상은 참으로 오래전부터 유역에 대한 인식이 있었던 것이다.[46] 1402년 발행된 「혼일강리역대국도지도(混一疆理歷代國都之圖)」에서부터 이미 낙동강 유역은 분명하게 백두대간과 낙동정맥에 의해 나누어져 있다.[47] 이러한 유역은 분수령이라는 경계로 나누어진다. 산천이 분명한 이 땅에서는 땅을 보는 골격이 분수령으로 인식된 것은 당연할지도 모른다. 그러기에 산은 나누고 물은 모은다고 했다. 산줄기는 분수령이고, 물은 모여 수구(水口)로 나간다. 이것은 일상의 삶에서 지극히 상식적으로 관찰할 수 있는 모습이었다. 백두대간은 바로 커다란 분수령들의 연결이다. 이 분수령의 의미는 무엇일까?

그 밖에 많은 한국의 고지도들 역시 한국 사람들이 아주 오래전부터 유역의 개념을 가지고 있었음을 실증하고 있다. 뒤에 나오는 평

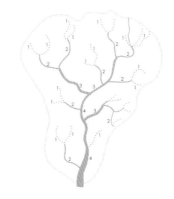

안북도 정주(定州)의 지도에서도 산봉우리로 이어진 마루금은 분수 령을 나타내고 있다. 작은 유역의 중앙에 마을이 있고, 그 바깥으로 다시 큰 유역이 싸고 있다. 이 지도는 주변 경관과 마을의 배치 관계 를 어느 정도 읽을 수 있게 하는 자료이며, 좀 더 자세히 보면 그 안 에서 일어난 경관 과정들을 어느 정도 상상할 수 있게 하여 경관 구 조와 기능의 관계를 엿보게 하는 의미를 가지고 있다.[48]

우리 행정 구역의 한 단위는 동(洞)이라는 한자로 표현된다. 동은 사용하는 물[水]이 같은[同] 곳을 의미하니 그 동리가 하나의 유역 안 에 포함되어 있음을 뜻한다.[49] 앞서 보았듯이 삶은 물질과 에너지, 정보의 흐름으로 이루어진다. 그중에서 우리에게 가장 쉽게 인식되 는 것은 물질이며, 물질 중에서도 가장 큰 양의 동질적인 요소는 물 이다. 또한 그 물이 물리적인 요소에 의해서 쉽게 나뉘는 까닭으로 인간의 인식 체계 안으로 중요하게 들어앉은 것은 지극히 당연하다.

'동(洞)'이 지명으로 기록된 것은 고려 말기부터 나타나며 조선 태 종이 송도의 '추동(楸洞)' 잠저에 있었고, 태종의 비(妃)인 문경왕후 (文敬王后) 민(閔)씨가 송경(松京) '철동(鐵洞)'에서 탄생했다는 기록이 정약용의 『아언각비(雅言覺非)』 2권 경성부 부분 432쪽에 나온다. 성 종 17년(1486)에 완성한 『동국여지승람』 제5권 「개성부(開城府)」에는

▲ 나무와 유역의 대비.[50] 나뭇가지와 유역은 위계를 보이는 점에서 비슷하다. 그러나 큰 가 지에서 작은 가지로 나누어지는 나뭇가지의 경우와 달리 유역의 경우는 작은 하천들이 모 여 큰 하천을 이루는 순서다. 작은 것부터 1차, 2차, 3차로 차수가 매겨진다. 따라서 하천 차수 가 클수록 큰 강이다. 다른 차수의 하천이 만나 면 그중 큰 차수를 유지하고 같은 차수의 하천 이 합류할 때만 하나씩 높은 차수의 하천이 된 다. 유역의 차수는 그것이 감싸는 하천의 차수 와 같다.

다음과 같은 말이 있다.

姜邯贊第 李穡第 韓修第 安裕第 俱在良溫洞

강감찬, 이색, 한수, 안유의 집이 모두 양온동에 있다.[51]

◀ 마을의 공동 우물.[54]

◀ 평안북도 정주를 그린 18세기 말의 지도.[55] 우리 전통 마을은 골 안에 들어 있어 고을이라 했다. 고을은 바로 유역을 의미한다. 그래서 동 (洞)이라는 행정 구역을 사용하게 된 것으로 보인다.

동은 순조 때까지 행정 구역의 단위보다는 자연 촌락의 마을이라는 의미로 쓰였고, 행정 조직으로 채택된 것은 고종 31년(1894) 갑오경장 이후로 추정된다. 갑오개혁과 함께 진행된 지방 제도 개편에서 한성부의 하부 조직인 5부는 5서로 개칭되었고, 하부 조직은 5부 47방 288계 775동으로 재편되었다.[52]

그러나 동이 행정 조직의 단위로 사용되기 이전부터 우리가 흔히 사용하던 동리나 동네라는 말은 마을이 유역 안에 위치하여 같은 물을 공유하는 단위라는 뜻을 함축하고 있다고 보아도 무리가 없다.

사용하는 물이 같다는 것은 물을 매개로 만날 기회가 많다는 뜻이다. 만남이 많은 것은 정보 교환이 원활하다는 뜻이기도 하다. 같은 물을 쓰는 장정들은 논농사를 중심으로 일어나는 만남으로 정보를 교환하고 아낙들은 빨래터와 우물가에 모여 이웃 간의 정리를 나누었다.[53] 그들은 같거나 비슷한 물건을 사용하고, 같은 낱말과 억양을 가졌다. 그러기에 한 유역 안의 자연도 문화도 비교적 동질적일 수밖에 없었다.

유역의 자연과 문화의 물리적인 표현은 토지 이용으로 나타난다. 토지 이용의 부산물은 자연스럽게 빗물에 녹아 강으로 흘러가므로 강은 위에서부터 아래로 연속성을 지닌다. 동시에 강의 수량과 수질은 유역의 자연적인 요소와 물을 매개로 한 사람들의 생각을 동시에 반영하고 있다. ● ● ● ●

문전옥답, 삶으로 익힌 생태 지혜

전래적으로 우리 조상들이 사용해 온 문전옥답이라는 단어에는 생태적인 의미가 숨어 있다. 배산임수의 지형에서 인가는 경사지와 평지가 만나는 곳에 자리 잡았다. 인가에 바투 붙어 있던 논에 대한 애착을 옥답이라는 말로 표현했는데, 이는 명백히 생태학적 원리에 바탕을 둔 조상들의 지혜이다. 그들은 지형과 에너지 공급, 물의 흐름 그리고 영양소 축적의 상호 작용 관계를 이해하고 있었다.

선조들이 복거(卜居) 사상에 의거하여 마련한 마을은 산을 등지고 있었다. 이런 배치에서 마을은 주변 지역에 비해서 비교적 많은 양의 태양 복사 에너지를 받는다. 특히 차가운 겨울에 남사면과 북사면은 일조량에서 큰 차이를 보이

배산임수의 마을들[50]
▶ 경북 문경시 문경읍 마원2리.
◀ 강원도 인제군 상남면 후평리.

기 때문에 기온이 낮은 조건에서 에너지를 절약하는 데 매우 유리하다. 뒷산이 시베리아로부터 불어오는 차갑고 강한 바람으로부터 마을을 보호함으로써 에너지 효율을 높일 수 있는 것은 상식이다.

배산임수의 마을 앞에는 논이 자리를 잡았다. 그 자리는 마을이 들어서기 전부터 긴 세월 동안 산으로부터 흘러내린 미세한 점토 및 유기질 토양 입자 그리고 영양소가 다른 지역보다 상대적으로 풍부하게 쌓여 옥토가 될 가능성이 높다. 보통 무기질 토양 알갱이는 유기물 알갱이보다 무겁다(전자의 밀도는 $2.60 \sim 2.75g/cm^3$ 이나 후자의 밀도는 $1.1 \sim 1.4g/cm^3$가량 된다). 유기물 알갱이는 가볍기 때문에 땅 위로 흐르는 물에 의해서 쉽게 씻겨 내린다. 숲이 위치한 경사지에서 물은 비교적 빠른 속도로 흐르지만 평지를 만나면 속도 에너지가 감소한다. 그러기 때문에 경사지를 흘러내리는 물에 떠내려 오던 유기물 알갱이는 접합 지점에서 쌓이게 된다. 이런 과정이 긴 세월 동안 이루어진 다음 배산임수형의 인가가 들어섰다면 원래부터 집 앞의 논토양은 비옥했다.

전통적으로 민초들의 집은 초가였다. 초가와 마을 두엄 더미로부터 빗물에 씻겨 내린 영양 물질은 집 앞의 논으로 흘러든다. 따라서 문전 땅의 비옥한 정도는 유지될 가능성이 크다.

초가는 잠자리도 제공하고 먹이도 되므로 제법 많은 생물들의 거처가 되었다. 그들 생물들이 먹이사슬을 이루며 짚은 썩게 되는데, 썩는 과정을 전문적인 용어로는 무기화 과정이라 한다. 무기화 과정은 탄소와 질소, 인 등을 포함하는 유기 물질이 미생물의 분해에 의해 물과

◀ 전통 마을의 초가(낙안 읍성 민속 마을).[57]

이산화탄소, 암모니아나 질산염, 인산염 등 무기물의 형태로 바뀌는 생물학적 과정을 말한다. 이 과정으로 짚에 포함되어 있던 질소와 인을 포함하는 주요 비료 성분들이 분비된다.

이렇게 방출된 무기 영양소들은 지붕을 타고 내리는 빗물에 씻겨서 집 앞의 논을 살찌게 하는 것이다. 이는 논에서 생산된 짚이 지붕의 구성 요소가 되고 그것이 썩어 논으로 이동하여 재생산 과정에 사용되는 순환 과정을 의미한다. 전북 진안의 어떤 촌노는 "개가 똥을 싸도 집 앞 논에서 싼다."는 옛말이 있다고 알려 주었다. 그분은 사립 밖에 있는 자기 논이 저 멀리 있는 남의 논보다 벼 수확량이 훨씬 많다고 자랑했다.

집 앞에 있는 논은 또한 사람이 드나드는 데 시간이 적게 걸리므로 관리가 비교적 쉬웠다는 점에서도 좋은 논으로 평가를 받았을 것이 당연하다.

과거 우리 사회의 중심을 이루고 있던 자급자족 마을에서는 논밭으로부터 거두어들인 곡류 대부분이 사람과 가축의 먹이였으며, 짚이나 수수깡 등은 땔감 또는 가축의 잠자리 재료로 이용되었다. 이렇게 사용된 물질은 뒷간이나 마구간에 모여 적당히 발효된 다음 다시 경작지로 뿌려졌다. 이러한 물질 흐름으로 마을의 생산성은 유지되었다. 그것은 바로 지속 가능한 체계였다. 이러한 전통적 물질 흐름에 새로운 삶의 방식이 도입되어 지속 가능성이 허물어졌다면, 이제 새로운 흐름 속에서 지속 가능한 체계를 모색해야 할 때다.

생태학의 새로운 모색

세월이 훌쩍 지나 때는 2002년 여름이다. 이제 나는 미국 땅 몬태나 주의 작은 도시 미줄라(Missoula)에서 원고를 고치는 작업을 하고 있다.

비교적 새벽잠이 없는 버릇이 있지만 여기서는 5시 무렵 집 앞 나무 위에서 울어 대는 까마귀 떼 소리에 잠을 깬다. 바로 집 앞에 있는 가로수, 커다란 자작나무에 밤마다 앉는 것으로 보아 그곳이 잠자리인 모양이다. 도시 한가운데 까마귀 떼를 허용하는 자연이 있다. 아, 많은 까마귀 떼. 우

▲ 새벽마다 까마귀가 울던 몬태나 제2의 도시 미줄라의 가로수.[59] 간밤에 작은 감자알만 한 우박이 엄청나게 쏟아져 떨어진 나뭇잎이 길가에 어수선했지만 나무 머리는 사람의 손에 결단코 잘리지 않았다.

리네 겨울 남녘땅 보리밭을 까맣게 메우던 그 많던 까마귀들이 이제 모두 미국으로 온 것일까? 우리나라에서는 까마귀를 흉물스러운 새로 보이지만 이들은 그렇지 않다고 들었다. 이제는 나도 까마귀를 그렇게 싫어하지 않는다. 우리 땅에서는 그만큼 귀해져 버린 탓이리라.

여러 해 전 서울대학교 산림자원학과에서 새를 연구하는 이우신 교수의 소개로 만났던 동경대학교 히구치 교수는 까마귀에 대한 재미있는 얘기를 들려주었다.[58] 이 녀석들은 어디에선가 호두를 물어다 교정에 있는 차도 건널목에 놓아 두고 멀찌감치 앉아 지켜본다.

▲ 미국 몬태나 주와 미줄라의 위치를 보여 주는 지도.

그러고는 차가 지나가다 호두가 깨어지면 날아가서 알맹이를 먹는다. 이런 광경이 우리나라에서도 방영이 되었던지 인터넷 한겨레에 연재되는 자연 다큐멘터리 작가 임완호 씨의 글에서도 거의 비슷한 내용을 읽을 수 있다.

이 녀석들은 딱딱한 호두 열매 안에 먹을 수 있는 것이 들어 있다는 사실을 기억하는 능력이 있고, 또 남을 이용해서 깨는 방식도 터득한 것이다. 이런 정도의 기억력이 세대와 세대 사이에 전달될 능력을 지니려면 머리가 얼마나 좋아야 하는 것일까? 아무튼 까마귀 고기를 먹으면 무얼 잘 잊어먹는다는 속설은 아무래도 근거가 없는 듯하다.[60]

예전의 시골 마을에는 참으로 여러 가지 종류의 새들이 많았다. 새의 종 풍부도(species richness)도 높았고, 한 종으로 이루어진 개체군의 수도(數度, abundance)도 높았다는 얘기다. 겨울밤이면 집 뒤에 있던 대숲 부근에서 부엉이가 울어 어린 가슴을 졸이게 하기도 했다.

봄부터 가을까지 들판과 초가를 왕래하던 제비는 또 얼마나 많았던가? 긴 장마를 견디어 내기 위해 처마 아래 장대를 걸쳐 만들었던 빨랫대 위에 줄지어 앉아 사람을 겁내지 않았던 흥부의 제비들…….

가을엔 직박구리와 때까치들이 감을 파먹으려고 극성이었다. 정월 보름이면 할머니는 남의 집 대숲을 두들기게 하셨다. 그래야 참새가 벼——우리 마을에서는 나락이라고 불렀다——를 덜 까먹는다고 하셨다. 일리가 있는 말씀인지 이 또한 모르겠다. 참새가 대숲에 보금자리를 틀었다면 놀라서 새끼 치는 확률이 감소될 수도 있었겠다. 하지만 참새들은 사람이 쫓으면 잠깐 대숲에 숨었다가 다시 벼가 익는 논으로 내려앉고는 했지만 그곳에서 둥지를 본 기억은 없다. 그것들은 주로 초가지붕 속의 구멍으로 들어가 알을 깠던 것 같다. 그래서 겨울이면 사다리를 타고 올라 지붕 밑을 뒤지기도 했다. 나는 경험해 보지 못했지만 형들은 때로 참새를 뒤지다가 뱀을 만지는 경우도 있었다고 했다.

봄이면 냇가 자갈밭에서 종달새 둥지를 만나는 것도 예사였다. 그 녀석들은 수직으로 하늘을 날아오르고 또 떨어지는 희한한 재주를 가지고 있었다. 물총새도 가끔 만났다. 부르릉 직선을 그리며 날아가는 그 빠른 몸짓은 참으로 부러웠다.

그 가지가지 많던 새들은 모두 어디로 갔을까? 그때는 들판에서 올려다보면 산은 그냥 붉은 빛이 도는 황토 자체였다. 소를 먹일 때 뛰어넘으며 놀던 소나무가 듬성듬성 그 황토 산에 박혀 있었다. 숲이랄 수 있는 것이 없는데도 새들은 많았다. 그 나무들이 자라 이제는 키가 10미터가 훌쩍 넘고 그 밑으로 들어갈 수 없을 정도로 덤불이 들어섰다. 그러나 이제 그 갖가지의 새들은 찾아볼 길이 없다. 그 새들은 벌거숭이산에서만 살 수 있는 것들이었을까?

나는 우리 땅에 그렇게 많던 새들이 이제 시골에서조차 발붙이지 못하고 떠나게 된 까닭이 궁금하다. 숲의 천이가 다른 녀석들을 불러오고, 그로 인해 그들은 버티지 못하고 떠난 것일까? 그것이 자연의 섭리대로라면 얼마나 좋을까? 그런데 나는 어쩐지 그렇지 않으리라는 의구심을 버리지 못하고 있다. 아무래도 농사짓는 방식에도 약간의 문제가 있는 것이 아닌지?

그러고 보니 그때는 메뚜기도 참 많았다. 아마도 늦여름이거나 초가을이었을 것이다. 어린 우리는 두 되 크기의 큰 소주병에 메뚜기를 가득 잡아오곤 했다. 고향에 가도 이제는 그 메뚜기조차 찾아보기 힘들다. 농부들에게야 메뚜기가 사라지고 참새들의 극성을 잊을 수 있게 된 것이 좋은 일일지 모르겠다. 그러나 그것들을 먹고 살아야 하는 새들에게는 그렇지 않으리라. 고향의 정취를 잃어버린 나도 그들이 사라져 간 땅이 무척 아쉽다.

사람에게 의식주가 필요하듯이 다른 생물 역시 그들 나름대로 살아가는 데 기대야 할 것들이 있다. 그들은 굳이 좋은 옷을 입을 필요는 없다. 짝을 찾는 데는 벗은 몸 그대로를 잘 가꾸기만 하면 된다. 하지만 그들 모두에게 먹을 것과 잠자리는 꼭 있어야 한다. 지금의 시골에는 숲이 더 무성해졌으니 벌거숭이산이 필요한 일부 생물을 제외하고는 잠자리는 더 나아지지 않았을까? 그러나 먹이 문제는 숲과 좀 다른 듯하다. 들판에서 비교적 풍족하게 살아갈 메뚜기를 포함하는 곤충들이 농약의 득살을 견디지 못하고 사라졌다. 그것들을 먹고 살던 새들 또한 배를 주릴 수밖에 없었으리라. 벌레를 먹던 개구리도 배가 고프고, 개구리를 먹던 뱀도 더 이상 살아남기 어려웠을 것이다. 그래서 무논에 떠다니며 어린 나를 겁나게 하던 무자수도 이제는 더 이상 보기 어렵다.

이 얘기들은 나중에 좀 더 자세히 설명할 먹이사슬의 실제 현장이다. 우리는 그렇게 먹이사슬이 얽혀 있는 세상을 굳이 책에서 배우지 않아도 어릴 때부터 조금은 익히고 있었다. 새들은 많았고, 대충 그 녀석들이 무얼 먹고 사는지 정도는 알고 있었다. 막연하지만 그들과 우리가 나누고 있는 관계 정도는 느낄 수 있었다. 굳이 어려운 생태학 책을 볼 필요도 없었다. 그러나 이런 감성과 논리가 들어가 있는 글조차 이제 더 이상 보기가 힘들다. 머지않아 이러한 이야기는 어른들에게는 까만 추억으로 멀어져 가고, 전기가 없으면 작동하지 않는 장난감들에 익숙해진 지금 세대는 호랑이 담배 피우던 시절의 애기와 다를 바가 없는 것으로 알게 될 것이다. 그래도 세상은 굴러가겠지만 나는 나이가 들어서가 아니라 재미가 없어 떠날 것 같다.

몬태나 주 미줄라에서 맞은 아침의 특수한 상황 때문에 애기가 옆길로 샜다. 이제 다시 사람들의 애기로 돌아가자.

나를 이곳으로 초청한 스티브 러닝(Steve W. Running) 박사와의 인연은 이렇다. 1988년 내가 조지아 대학교에서 박사 후 연구원을 하고 있을 때 그는 물의 순환과 영양소 흐름을 예측하는 컴퓨터 모형을 개발하여 학술 논문집에 발표했다.[61] 나는 그때까지 해 왔던 내 공부와 그의 접근이 연결될 수 있는 가능성을 내다보고 그에게 편지를 보냈다. 곧 답이 와서 공동 작업에 대한 애기가 오갔다. 그리고 1989년 2월 한국에 자리를 잡아 귀국하는 길에 처음으로 몬태나 땅을 밟았다. 그렇게 해서 2주일 동안 그의 연구실에 머물며 그와의 인연이 시작된 것이다.

그러나 내가 귀국하여 처음 자리를 잡았던 곳은 연구에 몰두할 기회를 거의 허용하지 않았다. 처음 문을 연 학과라 교수는 딸랑 나 혼자였고, 학생도 학부 1학년이 전부였다. 그래서 1년 동안은 학과 신설에 전념하리라 결심했다. 하지만 신입생들이 2학년이 되었을 때 한 녀석과 본격적인 연구를 시도했다가 실패하고 가슴 아픈 기억만 남기기도 했다.

아무튼 귀국한 다음 그렇게 힘든 시간들을 보냈다. 그리고 이태가 지난 후 러닝 교수에게 더 이상 공동 연구를 추진하기 어렵다는 편지를 보내곤 그와 연락이 끊길 것으로 알았다. 그런데 인연이라는 것이 그렇게 간단하지는 않은 모양이었다.

나중에 소개하겠지만, 보상 효과라는 주제로 석사 학위를 받을 강신규는 스웨덴 정부의 지원으로 우메오 대학교에서 1년 동안 머물렀다. 그런데 그는 영어를 그다지 잘 구사하지 못한 탓이었는지, 아니면 물리학을 전공하고 생태학으로 분야를 바꾼 탓이었는지 용감하게 달랑 한 곳에 지원했던 미국의 대학에서 입학 허가를 받아내지 못했다. 돌아갈 길이 없었던 그는 내게 도움을 구했고, 다시 우리 대학원에서 박사 과정 공부를 시작했다. 그때까지 그는 수중 생태계에 관심을 가지고 있었다. 입학을 하기 전에도 해양연구소에서 임시 근무를 하며 몇 개월 동안 그쪽 분야의 공부를 했다. 나도 그런 그가 점봉산 연구에 합류하리라고는 크게 기대하지 않고 있었다.

그런데 입학을 한 다음 무슨 까닭인지 점봉산에 관심을 보였다. 나는 1988년 러닝 박사가 발표했던 논문을 끄집어내어 보여 주었다. 그리고 내가 모르는 사이에 혼자서 러닝 박사에게 최근의 연구 결과들에 대한 문의를 했던 모양이었다. 그때 러닝 박사 연구실의 관리 책임을 맡고 있던 분이 공교롭게도 한국인 조영이 씨였다. 그녀는 한 묶음의 논문을 보내 주었다. 강신규는 그것들을 혼자서 잘도 소화해 냈고, 나름대로 독창적인 논문을 구상했다.

처음 참가했던 미국생태학회에서 영어가 서툰 그는 포스터로 발표를 했다. 나는 포스터 뒤에서 큰 키를 이용하여 우리들의 어깨 너머로 빙긋이 웃으며 설명을 듣고 있는 러닝 박사의 모습을 보았다. 그러나 지난날의 실패로 깊은 말을 나누기에는 어쩐지 내키지 않았다. 그저 당신이 나를 아직도 기억하나 하는 정도로 눈인사를 나누었을 뿐이었다.

1998년 오리건 주립대학교에서 연구년을 지내는 동안 러닝 박사의 옛 스승인 리처드 웨어링(Richard H. Waring) 교수의 강의를 듣게 되었다. 강의 교재는 두 사람이 공동으로 집필한 책이었으며,[62] 그 내용에 대한 학습으로 우리는 점봉산 연구를 더욱 살찌울 수 있었다. 강신규가 처음으로 국제 학술지에 논문을 발표하기 전에 글의 구성과 영어 표현을 새로 쓰다시피 도와준 분도 노학자 웨어링 교수였다. 2000년 여름 미국 워싱턴 주 스포캔(Spokane)에서 열렸던 생태학회에서 만난 러닝 교수는 내가 웨어링 교수의 강의에 참석했다는 얘기를 전해 들었다며 반가워했다. 그때 웨어링 교수와 강신규는 첫 대면을 했다.

2001년 2월 그는 박사 학위 논문을 제출했다. 그리고 학위를 마치기도 전에 뉴멕시코 대학교의 브루스 밀른이라는 경관생태학자가 그의 능력을 인정하여 미리부터 연락이 닿아 있었다. 또한 미국과 우리나라 과학 재단의 지원으로 그곳으로 가기로 약조가 되었다. 강 박사는 빨리 오라는 독촉 때문에 당시 사귀고 있던 우리 연구실의 학생과 서둘러 2월에 결혼식을 올려야 했다. 그런데 초청은 자꾸만 연기되었다. 미국과학재단에서 지원하기로 약속된 연구비가 도착하지 않았다는 이유였다. 참여하기로 되어 있던 생물복합성 과제는 미국과학재단이 차세대 생태학의 돌파구로 인정하고 광범위한 분야의 연구자 참여를 독려하는 새로운 사업이며, 엄청난 연구비를 투자해야 하는 만큼 예산을 결정하는 정치가들을 설득하는 데 시간이 걸린 모양이었다.[63]

그 와중에 지난 1월 러닝 박사가 자기에게 오지 않겠느냐는 연락을 했고, 강신규가 내게 한마디 상의도 없이 거절했다는 사실을 뒤늦게서야 알았다. 이미 약속한 곳이 있기 때문이라는 이유였다. 그는 학위를 받고 결혼마저 서둘러 했는데 갑자기 앞일이 불투명해졌다고 느꼈던 모양인지 초조해하는 모습을 보였다. 그리고 한국과학재단의 여비 지원만 받아서라도 뉴멕시코 대학교로 가겠다는 편지를 쓰겠다고 나섰다. 하지만 내 자존심이 그것을 허용하지 않았다. 그런데도 시간은 자꾸만 가고 있었다.

5월에 러닝 박사와 자리를 함께하는 모임이 오리건 주립대학교에서 있었다. 지토스(GTOS, Global Terrestrial Observation System)라 부르는 이 사업은 인공위성 자료로 지구 전체를 내려다보고 그 결과를 현장 자료와 비교하는 일이었다. 그들은 우리가 점봉산에서 모은 현장 자료를 보고 싶어 했고, 나는 미국 장기 생태 연결망 본부의 지원으로 초청을 받은 상태였다. 그래서 나는 우리 연구실 비용으로 강신규 박사를 데리고 가서 공동 발표를 하겠다는 제안을 했다. 그들이 원하는 주제를 직접 다룬 사람을 데리고 가겠다는 제안이 거절될 이유는 없었다.

그리하여 나는 신제품을 개발한 사람의 심정으로 학생을 학문 시장에 내놓았다.[64] 모임에서 내가 간단히 점봉산에 대한 소개를 한 다음 강신규라는 뜻밖의 연구 초년생이 자신의 연구 결과를 발표했을 때, 러닝 박사는 학문적인 질문은 제쳐 놓고 한 가지 농담을 던졌다.

"그 연구로 박사 학위를 몇 개나 했소?"

강신규 박사는 어색한 웃음을 띠고 나를 한 번 쳐다본 다음 어눌하게 대답했다.

"하나요."

그는 때로 말이 느리다.

쉬는 시간에 러닝 박사는 특유의 웃음을 가득 보이며 내게 접근했다.

"우리 연구 그룹에서 10년 걸려서 할 일을 학위 하나로 했다니 놀랍군요. 박사 후 연구원을 할 계획이면 나와 의논해 보면 어떻겠소?"

그러지 않아도 그 문제를 의논하려고 데려왔으니 듣던 중 반가운 제안이 아닌가? 하지만 시치미를 떼고 물었다.

"얼마나 빨리 데려갈 수 있지요?"

"아, 영이 씨가 전해 주던 그 얘기로군요.[65] 지난 1월에 오라고 제안했는데 갈 곳이 있다더니만⋯⋯. 그가 준비되는 대로 언제든지 올 수 있어요. 사실은 우리 연구 팀에 자리가 몇 개 생겼답니다. 몇 명이 영구직을 찾아 다른 곳으로 갔거든요."

"사실은 뉴멕시코 대학교의 브루스가 오라고 했는데 아직 연구비가 수령되지 않아 미루어지고 있어요. 가능하면 빨리 다음 연구 자리를 찾아야 하는 상황이랍니다."

그때 강 박사에게 눈독 들이는 사람은 또 있었다. 오리건 주립대학교에서 미국 전역에 걸친 유동탑[66] 연결망의 유기적인 관계 유지를 책임지고 있는 비벌리 로(Beverly Law) 교수가 강신규 박사와 같은 연구 경력과 능력을 갖춘 사람을 찾고 있었다. 그러나 그녀는 이미 공개적으로 구인 광고를 냈던 참이었다. 사실 강 박사를 오리건으로 데리고 갈 때 그것은 차선의 대안이었다. 그녀는 7월 말까지 서류를 접수하여 다른 사람과 경쟁하라는 의례적인 제안을 고수했다. 그런데 일찍이 우리의 논문이 학술지에 실리는 데 큰 도움을 주셨고, 그녀의 지도 교수이면서 같은 대학에서 근무하던 웨어링 교수 또한 강 박사가 자기 팀으로 합류하기를 은근히 기대하는 눈치였다. 강 박사는 세 곳의 제안에 대해 나와 의논했지만 대답은 간단했다. 불확실한 일에 기대를 하기보다 기꺼이 데리고 가겠다는 곳을 택하라. 이미 뉴멕시코 대학교 일로 약간의 불안감도 있지 않은가?

그렇게 해서 러닝 박사와 인연은 다시 이어졌다. 2002년 1월 연세대학교 대기과학과 김준 교수가 이끄는 한국의 유동탑 연구팀이 제주도에서 제2회 아시아 유동탑 연구 워크숍을 개최하면서 결성되었다. 나는 연구팀과 합의한 다음 러닝 박사를 초청했다. 그는 기꺼이 한국으로 왔고, 강신규 박사가 모디스[67] 영상을 분석한 자료를 바탕으로 우리나라 지역의 엽면적 지수 변화를 발표했다. 발표 내용에는 현장의 실증 자료를 고려하여 점봉산이 포함되어 있었다.

그해 7월에 몬태나 대학교 연구팀은 두 개의 워크숍을 주최했다. 그들이 개발한 광역 수문 생태 모형(RHESSys: Regional Hydro-Ecological Simulation System)을 이용하는 20명 정도 규모의 연구자 모임이 첫 번째였고, 모디스 영상을 사용하는 참여자 120명 정도의 모임이 두 번째였다. 나는 이 두 모임에 우리 연구실의 두 학생과 함께 참여했다.

적어도 내가 보기에 이제 기존의 개념에 바탕을 두고 있는 생태학은 그 한계의 극치에 이르렀다. 환경 문제를 우려하는 목소리는 생태학에 기대를 걸고 있지만, 지금까지 이 학문 세계가 그에 부합하는 만족스러운 결과물을 세상에 내놓지 못했다는 뜻이다. 다양한 분야의 연구자들이 장기적으로 모아 온 자료를 종합하고, 또 전혀 어울리지 않을 것 같은 학자들이 손을 잡으면 돌파구가 보일까? 미국 과학재단이 지원하는 생물복합성 연구 과제(Biocomplexity project)와 유엔 환경 프로그램(UNEP, UN Environmental Programme)이 지원하는 새천년 생태계 평가 연구 과제(Millennium Ecosystem Assessment)는 생태학자들이 컴퓨터 정보 기술자, 사회과학자, 분자 생물학자들을 아우르는 통합적인 접근으로 패러다임 전환을 모색하도록 돕고 있다.[68]

미국 항공우주국이 지원하는 모디스 워크숍은 '빅풋'이라는 연구 과제와 유동탑 연구, 연구자가 현장에서 직접 수집한 장기 생태 연

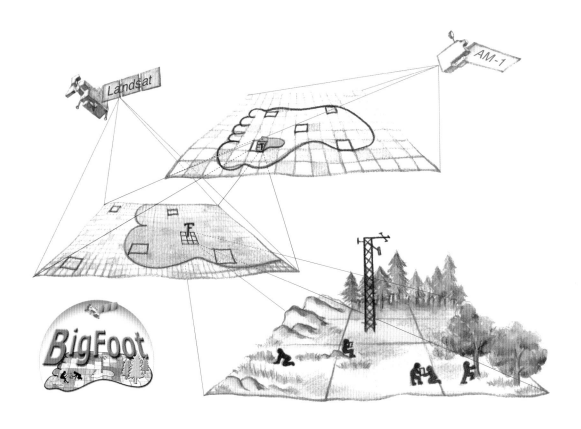

▲ 빅풋 연구 계획.[16]

구망의 자료, 그리고 먼 하늘에서 찍은 원격 탐사 자료가 어우러져 그동안 보지 못했던 현상을 읽을 수 있으리라는 기대도 가지고 있다. 먼 곳에서 내려다보며 큰 발을 찍고, 현장에서 작을 발을 찍어 서로 비교한다는 뜻에서 빅풋이라는 이름을 붙였다. 큰 공간 규모에서 거칠게 본 것과 가까운 곳에서 자세히 살펴본 것이 어떻게 합치되어 생태계 진면목을 제대로 파악할 수 있게 해 줄 것인가?

이제 자료도 수집되어야 하고, 그 자료들이 함축하고 있는 의미를 읽어내는 데 기반이 될 이론도 필요하다. 이미 수많은 인공위성이 하늘에서 자료를 송신하고 있어, 먼 곳에서 본 것들을 어느 정도 신뢰할 수 있는지 확인해야 하는 그들로서 시급한 것은 현장 자료이다. 현장 자료를 착실히 모아 온 연구가와 원격 탐사 자료를 분석할 수 있는 전문가, 그것을 엮는 데 필요한 이론가, 그리고 이것들을 포괄하는 모형을 개발할 수 있는 연구자들의 열린 태도와 공동 작업이 절실히 요구되는 시대가 되었다.

이렇게 생태학은 이미 대학에서 하나의 단과 대학이나 학과에 속하는 구태를 벗어 버렸다. 하지만 이 좁은 땅의 대학 체제와 학문 풍토는 이러한 변화에 적절히 대응하고 있는가? 나는 아니라고 대답한다. 누군가 시간을 내어 한국과 일본, 중국, 영국 그리고 미국의 생태학회 구성원들이 어떤 학과에 어떤 비율로 속해 있는지 한번 비교해 봄직하다. 과학 정책에 종사하는 분은 한국과학재단이나 학술진흥재단과 같은 각국의 연구 지원 기관이 생태학 분야에 할당하는 연구비 규모도 한번 비교해 볼 일이다. 그러한 자료는 바로 생태학에 대한 각국의 태도를 어느 정도 읽게 하리라. 그것은 바로 우리 미래의 환경을 규정하는 잣대가 되지 않을까? ● ● ●

따로 보기 18

보존과 보전이라는 용어

많은 분들이 영어의 'conservation' 을 '보전' 으로, 'preservation' 을 '보존' 으로 번역하고 있다. 그러나 나는 두 가지 측면에서 그 용어는 서로 바뀌는 것이 합당할 것으로 본다. 첫째, 'conservation' 의 본래 뜻은 사람이 손을 대어서 관리를 하는 경우이고, 'preservation' 은 손을 대지 않고 완전하게 있는 그대로 두는 경우를 의미한다. 따라서 'preservation' 을 보전(保全)이라 하고, conservation을 보존(保存)으로 하는 것이 한문의 뜻으로 보아도 맞을 듯하다. 둘째, 무엇보다 물리학에서 오래전부터 'energy conservation' 을 '에너지 보존' 으로 옮겨서 사용하고 있다는 사실을 삼척동자도 알고 있다. 이것은 에너지 형태가 변화되지만 에너지양이 변하지 않아 에너지 자체는 있던 만큼 존치(存置)되어 있다는 의미로 또한 화학 등의

분야에서도 쉽게 변질되지 않는 물질의 특성을 보존성(conservative property)이라 옮기고 있다. 우리가 흔히 사용하고 있는 영한사전에도 'conserve' 를 '보존하다' 로 옮기는 경우가 대부분이다.

그런데도 기득권을 가진 사람들이 'conservation' 을 '보전' 이라고 고집하는 까닭이 나로서는 도저히 이해가 되지 않는다. 문제는 하나의 용어를 분야마다 다르게 옮겨서 혼란을 야기하는 일이다. 사실 1976년 한국기술단체총연합회에서 발행한 『증보판 과학기술용어집』에서는 'conserve' 에서 파생된 단어 거의 모두를 '보존' 으로 옮겨 놓은 반면에 'preserve' 는 '보전하다' 라고 옮기고는 'preservation' 은 '보존' 으로 옮겨 놓아 혼란을 일으키고 있다.

1995년 4월 대만에서 만난 한 일본인 생태학자

에게 물었더니 'conservation'을 보전이라 했다. 1996년 동경대학교출판부에서 내놓은 히구치 교수의 『보전생물학』도 영문 제목을 'Conservation Biology'라 옮겨 놓고 있다. 아직 충분히 확인하지는 못했지만 우리나라의 누군가가 일본의 번역을 비판 없이 받아들인 것이 아닌가 한다. 일본을 따라 하느라고 혼란을 일으켜야 할 이유는 없다. 이 용어를 많이 사용하는 물리학과 화학, 생물학 그리고 문화계에서 통일을 시켜 주는 것이 옳지 않을까? ▨

모두를 모아서 5

교과서 냄새가 나서 아무래도 싫지만 어찌 사는 것이 감성만이겠는가? 이제 지난 얘기들을 꿰고 있는 원리들을 중심으로 묶었다. 생명의 고리를 엮어 가는 사슬에도 밝고 어두운 선택의 여지가 놓여 있다. 고리로 이어지는 흐름은 하늘과 땅, 물 그리고 생명을 묶는 흐름이다. 세월이 흐르면 다투고 어우러지는 과정에 작은 고리 큰 고리는 나이를 먹는다. 생태계의 발달도 그렇게 이루어지니 자연의 섭리다. 서로 다른 요소들을 아우르고 엮어 가는 길은 인간에게 맡겨진 도리다. 이름하여 경관생태학이 가고자 하는 길이다.

생물 따라 흐른다

아테네 토양의 불모성은 그곳에서 민주 정치를 이룩했고, 스파르타의 비옥성은 귀족 정치를 이루어 놓았다.[1] 추측건대 귀족 정치와 민주 정치 안에서 정보의 흐름은 크게 다를 것이다. 잘은 모르겠지만 귀족 정치 사회에서 정보의 흐름을 매개하는 사람들은 크게 귀족과 평민으로 이루어지는 두 가지 교환 체계 또는 고리를 이룰 것이다. 반면에 민주 정치 사회에서는 여러 가지 다양한 교환 고리가 존재할 것임에 틀림없다. 물론 각각의 작은 고리들에는 다른 고리들과 연결되는 부위가 있으리라. 먹이사슬이 모여 먹이그물을 이루듯이……

 재미있게도 일반적으로 비옥한 토양보다 어느 정도 척박한 토양에 다양한 생물이 깃든다.[2] 이것은 인간 사회와 생물 사회의 유사한 면모다. 우리는 눈에 보이는 비생물적 부분과 생물 사회를 아울러 생태계의 구조라 한다. 먹이사슬을 표현하는 그림에 나타나는 식물과 동물은 바로 생태계의 구조이며, 이들 생물을 매개로 일어나는 에너지 흐름과 물질 순환, 정보 교환 양상은 생태계의 기능이다. 다양한 생물 사회에서는 물질, 에너지, 정보의 흐름이 다양한 생물적, 비생물적 요소들에 의해서 매개된다. 따라서 생태계의 다양한 기능 수행은 다양한 구조가 전제될 때 가능하다. 이와 같이 다양한 먹이사슬을 특징으로 하는 생물 사회의 민주주의가 척박한 토양에서 더 자주 관찰되는 이유는 무엇일까?

　시골집 텃밭에는 여러 그루의 감나무가 있다. 봄이 오니 얼었던 땅이 풀리고 나뭇가지에 물이 오른다. 나무는 기지개를 켜고 일어나 새싹을 틔운다. 머지않아 나무가 푸른색으로 치장하고 꽃을 피우리라. 어떤 벌레는 수액을 취하며, 어떤 벌레는 나뭇잎을 갉아 먹는 정경이 떠오른다. 때로는 극성스러운 들쥐가 나무껍질을 갉아 먹기도 하겠지. 그래도 살아남은 감나무에는 꽃이 피고 벌과 나비는 꿀을 빨겠지. 가을이면 새들은 잘 익은 홍시를 쪼아 먹고, 수확 철까지 버틴 감은 부모님이 거두신다. 가을이면 떨어지는 잎과 죽은 가지는 때로 아버지의 손에 희생되어 아궁이로 들어가기도 하지만 일부는 나무 밑에 남아 세균과 곰팡이의 먹이가 되리라.

　텃밭의 콩은 뿌리혹박테리아에게 자신이 생산한 물질을 제공하고, 뿌리혹박테리아로부터 귀중한 질소를 얻어 쓴다. 뒷산의 소나무는 균근이라는 일종의 곰팡이와 더불어 살고 있으리라. 소나무는 뿌리를 통해 수액을 제공하고, 균근은 가는 균사로 주변의 인을 흡수하여 소나무에게 제공한다. 식물과 미생물이 어우러진 아름다운 관계가 정겹다. 때로 나무와 곰팡이의 어우러짐에 두더지가 끼어들기도 한다. 그러나 그들의 관계가 아직은 서로 불편하지 않다. 두더지는 곰팡이를 먹고 포자를 포함하는 배설물을 여기저기 쏟아 곰팡이를 퍼뜨린다.

　봄에 생긴 식물 잎이 하는 주요 기능은 광합성이다. 광합성이란 식물이 뿌리 내린 토양에서 빨아들인 물과 영양소와, 잎으로 흡수한 이산화탄소를 태양 에너지로 잘 섞어서 유기물을 생산하는 과정이다. 이렇게 생산된 유기물은 에너지가 담겨 있는 물질이라 뭇 생물의 먹이 자원이 된다. 이 자원은 여러 가지 방식으로 요리되어 벌,

▸ 산림 토양과 논에서 일어나고 있는 먹이사슬.[3)]

나비, 벌레, 쥐, 미생물 등 초식 생물의 먹을거리가 된다. 이렇게 자라는 벌, 나비, 벌레는 작은 새들이 먹고, 그 작은 새는 큰 새들이 먹는다. 들쥐는 뱀이 먹고, 뱀은 살쾡이나 고양이가 먹는다. 이와 같이 자연의 먹이사슬은 바로 다양한 식물 종과 그 종을 이루는 다양한 구조에서 출발하여 다양한 행로로 이루어진다. 그 과정을 대충 요약해 보면 다음과 같은 흐름으로 정리할 수 있다.

잎 → 벌레 → 작은 새 → 포식성 큰 새

꿀 → 벌, 나비 → 거미

씨, 열매 → 새

껍질 → 들쥐 → 뱀 → 살쾡이, 고양이

마른 잎과 가지 → 미생물 → 벌레 → 개구리, 새

수액 또는 뿌리 분비물 → 미생물 → 벌레 → 개구리, 새

이 고리들의 연결 하나 하나를 일컬어 먹이사슬이라 한다. 풀이하면 먹이 관계로 이루어진 사슬이다. 사슬의 하나하나 고리는 영양 단계라 한다. 사슬의 앞에는 식물이 흡수하는 영양소가 있지만 위 그림에는 나타나지 않았다. 먹이사슬의 첫째 영양 단계는 바로 식물로서 유기물을 생산하기 때문에 흔히 생산자라 한다. 식물을 먹는 동물은 초식 동물이다. 이들은 일차 소비자라고 부르며, 먹이사슬의 두 번째 영양 단계가 된다. 그리고 그 일차 소비자로부터 먹고 먹히는 순서대로 이차 소비자, 삼차 소비자로 이어지며, 이들은 모두 육식 동물이다. 초지와 토양에서 나타나는 대표적인 먹이사슬을 그려 보면 오른쪽 그림과 같다.

요컨대 먹이사슬이란 생태계에서 일어나는 먹고 먹히는 과정에

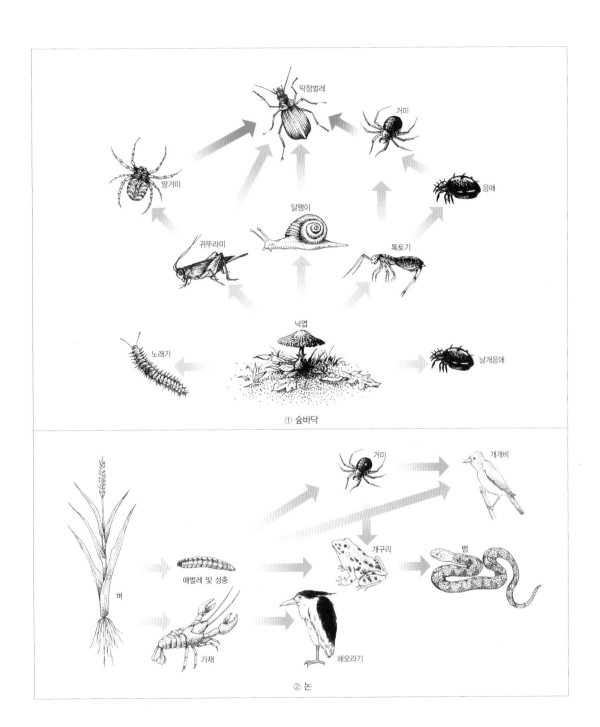

딱정벌레

거미

땅거미

응애

달팽이

귀뚜라미

톡토기

노래기

낙엽

날개응애

① 숲바닥

거미

개개비

벼

애벌레 및 성충

개구리

뱀

가재

해오라기

② 논

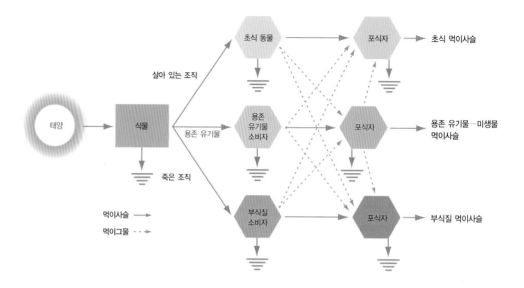

태양 → 식물

살아 있는 조직

용존 유기물

죽은 조직

초식 동물 → 포식자 → 초식 먹이사슬

용존
유기물
소비자 → 포식자 → 용존 유기물─미생물
먹이사슬

부식질
소비자 → 포식자 → 부식질 먹이사슬

먹이사슬 ─→
먹이그물 ┄┄→

▲ 먹는 식물 부위를 기준으로 나누어 본 세 가지 먹이사슬.[4]

연결되는 에너지와 물질 이동 관계의 요약이다. 이러한 먹이사슬은 녹색 식물에서 시작하여 초식 동물, 육식 동물로 연결되는 초식 먹이사슬, 액체 형태의 유기물을 흡수하는 미생물을 출발점으로 하여 포식자로 이어지는 용존 유기물─미생물 먹이사슬, 그리고 동식물의 사체나 낙엽과 같이 썩어 가는 물질을 에너지원으로 이용하는 생물에서 시작하여 그들의 포식자 단계로 이어지는 부니질 먹이사슬로 구분하기도 한다. 초식 먹이사슬은 풀이나 나뭇잎 또는 나무껍질을 살아 있는 상태에서 뜯어 먹거나 갉아 먹는 과정으로 시작되는 먹이사슬이다. 용존 유기물─미생물 먹이사슬은 벌이나 나비처럼 액체 상태의 꿀을 빨아 먹는 경우와 미생물이 수액을 흡수하고 그들을 잡아먹는 과정으로 이어지는 먹이사슬을 말한다. 마지막으로 부니질 먹이사슬은 생물의 주검이나 일부 떨어져 나온 유기물에서 시작하는 먹이사슬이다.

이처럼 보는 관점에 따라 먹이사슬은 세 가지로 구분할 수도 있고,

위의 보기처럼 더 많은 갈래로 나눌 수도 있으며, 더욱 묶어서 식물-동물-미생물로만 이루어지는 간단한 관계로 표현할 수도 있다.

그러나 자연 생태계에서 먹이사슬은 하나의 직선 관계로 끝나지 않는다. 먹이사슬과 사슬의 중간 중간에서 이웃 사슬들과 연결되어 복잡하게 얽혀서 먹이그물을 형성하고 있다.[5]

한편 먹이사슬에 동반되는 물질 흐름은 순환 관계를 가진다. 초식 동물이 식물을 먹고 동물 사체는 미생물이 분해하여 영양소가 분비된다. 분비된 영양소를 다시 식물이 흡수한다. 따라서 식물-동물-미생물-식물로 연결되는 순환 체계가 성립된다. 동물은 식물을 뜯어 먹어 적으로 생각되지만 자연 생태계에서 동물은 미생물의 분해를 도와서 재순환을 촉진시킨다. 그러나 이 과정은 식물, 동물, 미생물에 의해서 매개되는 과정의 균형과 조화를 통해 이루어진다. ● ● ●

먹이사슬의 밝은 길

먹이사슬과 관련된 문제를 어두운 쪽으로 끌고 가느냐, 밝은 쪽으로 유도하느냐는 사람이 하기에 달렸다. 이를테면 먹이사슬 원리를 잘 이해하면 수질 개선에 활용할 수 있는 길도 보인다.

물가에 자라는 식물은 물에 포함된 영양소를 흡수하여 수질 오염의 한 형태인 부영양화를 감소시킨다. 그러나 겨울이면 죽고 봄이 되면 그냥 두어도 썩어서 영양소가 방출된다. 이 영양소는 다시 식물의 성장에 이용되기도 하지만 많은 양이 물로 들어가서 또다시 부영양화에 한몫을 하게 된다. 수자원의 부영양화를 걱정하는 사람의 입장에서는 썩기 전에 식물을 제거함으로써 물로 되돌아가는 영양소 양을 감소시킬 욕심을 가진다. 그 방법은 우선 식물을 베어 내는 것이다.

그러나 물가에서 생산된 유기물을 땅으로 옮기는 방법은 용이하지 않다. 지반이 약해서 차를 그곳으로 들여놓을 수도 없다. 그렇기 때문에 팔당호 안에서 자라는 수초를 베어 내고 옮기기 위해 제초선을 비싼 값으로 사들였다는 소식을 들은 적이 있다. 그렇게 식물을 베어 내는 것도 한 가지 방편이기는 하다. 그러나 큰 호수에서 수초 제거선의 운행은 화석 연료와 인력을 필요로 한다. 화석 연료를 태워야 하니 그만큼 에너지를 소비하고 또 공기를 더럽히게 된다. 또한 운반을 위해 사람을 동원하니 비싼 비용을 지불해야 한다. 그러나 먹이사슬의 원리를 이용하면 자연의 힘으로 많은 영양소들을 땅으로 되돌려 놓을 수도 있으니 귀중한 세금을 절약하는 방편이 될지도 모른다.

앞서 언급한 바와 같이 자연에서 식물이 생산한 유기물은 다양한 경로를 따라 사용된다. 그 다양한 경로는 다양한 생물들로 이루어진다. 식물을 초식 동물이 뜯어 먹기도 하고, 벌레들이 즙을 빨아 먹기도 하며, 미생물이 분해하기도 한다. 죽은 식물들은 지렁이를 포함하는 무척추동물이나 미꾸라지와 같은 척추동물들이 직접 먹기도 한다. 또한 식물은 꽃을 피우고 씨앗을 생산하여 벌과 나비에게 꿀을 제공하고 새들에게 먹이를 제공한다. 이러한 원리를 이용하여 인력이나 동력이 아니라 자연의 힘으로 유기물을 우리가 사는 땅으로 옮길 수 있다.[6]

저마다 먹는 방식이 다른 초식 동물들[7]
1. 식물 즙을 먹는 진딧물.
2. 살아 있는 잎을 갉아 먹는 곤충.
3. 버섯을 갉아 먹는 달팽이.
4. 죽은 식물을 먹고 싼 지렁이 흙똥(분변토).

표 9 먹이사슬의 다양한 출발점⁴⁾

식물 부분	비생식 부분	채식 유형	채식 생물 보기
살아 있는 조직	씨나 열매	비생식 부분 초식에서 출발 씨나 열매를 먹는 경우	염소, 초어, 새, 다람쥐
죽은 조직	고형 유기물	유기 부니질을 먹는 경우	지렁이, 미꾸라지
용존 유기물	분비물	썩는 물질 분비 유기물 섭취	세균, 곰팡이
	식물 조직	식물액을 탈취 뿌리 공생, 기생	진딧물 세균, 균근
	꿀	꿀 섭취	벌, 나비

식물의 광합성을 저해하지 않는 수준에서 염소와 같은 가축이 물가의 풀을 뜯게 하는 방안도 권장한다. 염소는 잡식 동물이라 물가에서 자라는 고마리나 좋지 않은 환경에 많이 나타나는 환삼덩굴도 먹어 치우는 모습이 관찰되고 있다. 초어가 물속에서 수중 식물을 뜯어 먹게 하고, 지렁이나 미꾸라지로 하여금 죽은 식물을 먹게 하여, 우리는 그들을 식량으로 전환하는 방안도 생각해 본다.

이쯤에서 섬진강가에 사는 김용택 시인의 글을 한 번 정도 보고 가는 것이 제격이다.

1, 2. 염소가 있는 풍경.⁵⁾ 나는 염소 애찬론자에 가깝다. 염소는 다른 가축이 잘 먹지 않는 고마리도 먹고 환삼덩굴도 먹는다. 겨울에 말라 버린 풀을 잘도 먹는다.

(전략)

강변에는 파란 풀밭이다 풀밭에 깨끗한 하늘색 돌들이 띄엄띄엄 박혀 있다 돌 둘레 노란 풀꽃들이 피어난다 어디만큼 가면 강가에 희고 고운 모래들이 가만히 모여 있다 모래 속에는 꼬막 조개들이 속살을 모래 밖에 내어놓고 숨을 쉬며 산다 다슬기들이 모래 속에 몸을 끌며 느릿느릿 지나간 긴 자국이 선명하게 나 있다 그 아름답고 느린 길 끝에 가면 틀림없이, 확실하게 다슬기가 있다

(중략)

둥둥하고 퍼르르한 등이 물 위로 나오도록 물을 가르고 헤치는 그날랜 몸놀림 속에 맑은 해가 지고 산그늘이 내린다 강변 자운영 붉은 꽃들이 산그늘 속에 서늘하게 뜬다

(후략)

―― 김용택, 「흰나비」, 시집 「나무」에서

강변의 파란 풀밭과 자운영, 모래 속의 조개, 다슬기, 물고기……
이것들이 있음에 더러워진 물도 자연 정화되는 것이다. 이것들이 따로따로 노는 것이 아니라 함께 어우러지기에 물이 맑은 것이다.

최근의 연구 결과들에 의하면 많은 식물들은 초식 동물에 의해서 적당히 뜯어 먹힐 때 그것을 보상하기 위해서 더욱 열심히 광합성을 한다. 그것은 물과 토양에 있던 더 많은 영양소들이 초식 과정을 통해서 제거된다는 것을 의미한다. 더욱 흥미 있는 것은 군집 수준에서 보면 적당히 뜯어 먹히는 지역의 종 다양성이 그렇지 않은 곳보다 높다는 사실이다. 이는 식물과 동물의 보이지 않는 공존 전략의 결과를 대변하고 있다.[10]

특별히 물가에서 자란 식물은 대부분 살아 생전 먹히기보다 생장

▲ 전북 전주시 덕진 공원의 노랑꽃창포.[10] 이 덕진 공원의 습지가 질소를 제거하여 수질 정화에 어느 정도 공헌하고 있는지 연구해 볼 만한 가치가 있다.

기가 끝난 다음 죽는 양이 훨씬 많다.[11] 죽은 식물은 미생물이나 벌레들의 먹이가 되고, 그들은 먹이사슬을 따라 물고기나 다른 생물의 몸으로 전환된다. 이를테면 다슬기는 식물 잔재를 먹어 하천을 청소하고, 그 다슬기는 반딧불이의 애벌레가 먹는다.[12]

다 자란 반딧불이는 필경 육지로 날아오르니 이때 물에서 생산된 유기물이 육지로 이동된다. 이처럼 수많은 곤충들이 애벌레 시기를 물에서 지낸 다음 탈바꿈하여 하늘로 날아오를 때는 몸에 담긴 많은 양의 영양소를 뭍으로 옮겨 놓는다. 결과적으로 이런 과정을 잘 활용하면 물의 생물학적 산소 요구량을 증가시키는 유기물을 감소시키고, 동시에 여름밤의 반딧불 놀이를 즐길 수 있는 꿈 같은 상상도 할 수 있다.

꿀과 씨앗은 농축된 에너지와 영양소를 함유하고 있어 습지를 노랑꽃창포나 수련 등의 꽃밭으로 이루어 아름다운 경관을 만들고, 여기에 양봉을 곁들이면 벌과 나비들이 열심히 자양분을 땅으로 옮기도록 유도할 수도 있다. 또한 열매를 맺는 식물이면 새들이 날아와 씨앗을 취할 것이다. 물가에서 갯버들 꽃가루를 먹는 박새와 붉은머리오목눈이가 숲에 잠자리를 틀고 배설하는 모습을 상상해 보라. 얕은 물에서 물고기나 개구리를 먹은 중대백로도 소나무 숲에 가서 밤을 보낸다. 지금은 우리나라에서 거의 없어진 풍경이지만 물고기를 잡아먹은 곰도 숲에서 잠자리를 찾는다.[13] 이 모습들은 땅과 물이 분리되어 있지 않고 어우러져 생물다양성을 키우는 자연의 섭리를 나타낸다.

그러나 수자원 관리만을 고려할 때 더 바람직한 대책은 수원지가 되는 호수에 영양소가 몰려들기 전에 땅에서 해결하는 일이다. 예컨 대 앞서 제안한 바와 같이 마을 주변에 소규모 습지를 만들고 축산 폐수나 인분으로 미나리와 미꾸라지를 키울 수도 있다. 미나리는 폐 수에서 나오는 영양소들을 흡수하고 벌레를 키운다. 미나리와 벌레 는 미꾸라지를 살찌운다. 벌과 나비는 꽃에서 꿀을 빨아 영양소를 제거한다. 이렇듯 폐수의 영양소는 먹이사슬을 거쳐서 자원으로 변 모하니 일거양득이 될 수 있다.

이 모든 방안은 물질의 생성처와 소비처를 적절히 연결시키려는 시도이다.[15] 이와 관련된 자연의 원리들을 발굴하는 것은 생태학자 들이 할 일이다. 그러한 원리들이 연출되도록 우리 경관을 꾸려 가 는 설계 기법과 관리 방안을 만들어 내는 일은 조경학자를 포함하는 응용생태학자들의 몫이기도 하다. 이것은 다양한 행로를 겨냥하는 생물다양성이 창출되는 자연의 진화 과정에 역행하지 않고 동참하 는 삶의 지혜이기도 하다. 따라서 우리는 자연의 길에 동참하기 위 해서 자연의 방식을 더욱더 유심히 살피고 이해해야 한다. 우리가 우리를 사랑하는 부모 형제와 친구에게 마음을 열듯이 자연은 자신 을 사랑하는 자에게 자신의 진면목을 열어 준다.

메마른 땅 아테네에서 민주 정치가 꽃핀 것처럼, 메마른 우리 사회 에는 왜 학문적 다양성이 꽃피지 않는 것일까?[16] 도리어 다양한 산천 경관의 반대급부일까? 온갖 분파로 나뉘어 당쟁으로 이어졌던 지나 친 다양성에 식상한 결과일까? 어쨌거나 이 땅의 메마른 생태학이 바 로 우리의 먹이사슬 위에 드리우고 있는 검은 그림자와 연결되어 있 다는 사실을 인식할 수 있는 사람이 얼마나 있을까? 언젠가는 밝은 날이 오겠지.[17] ● ● ●

어두운 흐름

부부든 친구든 아니면 사업상의 교류든 인간 사회의 좋은 관계란 아마도 어떤 것을 한쪽이 주고 싶을 때 상대가 기꺼이 받아 주고, 한쪽이 필요로 하는 것은 상대가 기꺼이 제공할 수 있는 상황에서 유지되는 것이 아닐까? 생태계에서도 먹이의 수요가 발생되는 곳이 있는만큼 공급되는 곳이 있으면 원만한 관계를 유지할 수 있다. 그것이 무엇이든 수요와 공급의 균형이 잘 맞는 것은 음양의 조화와 같다.

한편 누군가에게 주고 싶은데 이미 많이 가졌거나, 누군가 무엇을 필요로 하는데 제공해 줄 수 있는 사람이 아무도 없다면 그것은 불행한 상황이다. 만물에 들고 나감과 주고받는 관계가 서로 맞지 않으면 문제가 생기는바 이것은 서로 궁합이 맞지 않은 모습이다. 수요와 공급이 맞지 않으면 문제가 생긴다. 식물이 지나치게 많으면 광합성에 필수적인 질소, 인과 같은 영양소에 대한 수요에 공급이 따르지 못하여 재생산이 어렵고, 동물이 지나치게 많으면 먹이가 부족하여 영속성이 없어진다. 따라서 긴 역사를 통해 자연은 공생과 경쟁으로 먹이사슬을 이루는 수요와 공급의 균형을 이루어 간다.

사람들은 자연의 먹이사슬에 뛰어들어 또 다른 사슬 경로를 만든다. 때로 사람의 개입은 자연과 조화를 이루기도 하지만 지나친 간섭으로 문제를 일으킨다. 영양 단계를 이루는 일부 생물들을 무분별

하게 잡아 버리거나 왈패 같은 외래종을 도입하는 것이 대표적인 간섭이다. 때로는 자연 생물들이 만들지 않던 물질을 생태계로 도입하여 생물 농축 현상을 일으키기도 한다.

생물 군집 구조의 불균형

미국 케이밥 공원에서 야비한 코요테가 미워 사냥꾼을 풀어 깡그리 잡아 버린 적이 있다. 그러나 예기치 못했던 불행이 다가왔다. 코요테가 없으니 초식 동물이 늘어나서 풀을 뜯어 땅이 노출되었다. 비가 오니 침식이 생기고 사태가 일어났다. 자연의 조화를 무너뜨린 무지의 대가 치고는 가혹한 결과였다.

농업과 축산은 자연의 먹이사슬에 끼어드는 또 다른 보기다. 축산에서 일어나는 순환 경로는 식물(사료)-가축-미생물-식물로 그려 볼 수 있다. 이 경우 알맞은 축산에는 자연 생태계와 같은 조화가 있다. 조화로운 축산에는 동물에 의한 유기물 분해를 촉진시키는 과정이 포함되어 있음에도 불구하고, 때로 구성 요소들의 불균형으로 잘못된 방향으로 가기도 한다. 우리가 흔히 보는 축산 폐수 문제는 먹이사슬의 일부 구성 요소에 잘못 치우친 현상이다.

요사이 봄이면 산나물을 뜯는 사람이 점점 늘어난다. 이왕 산을 갈 양이면 산나물 채취를 겸한 유흥도 흥겹다. 그러나 유전자원 보호림에까지 들어와 산나물을 뜯는 사람이 늘어나는 현실은 아무리 봐도 지나치다. 가을이면 많은 사람들이 도토리를 주어 산의 에너지 흐름을 옆길로 돌린다. 당연히 산 안에서 흐르는 에너지 부분이 축소될 수밖에 없다. 산이 생산하는 동물의 먹이사슬에 사람들이 끼어들었기 때문이다.

산나물과 도토리를 비축하여 겨울을 나야 하는 산짐승의 입장에서 보면 그들의 먹이사슬에 끼어든 사람이 얼마나 원망스러울까? 미운 마음을 남긴 행위는 업이 되어 언젠가 되돌아오지 않을까? 더구나 산을 기반으로 살아가는 지역 주민들의 입장에서 봐도 오락을 곁들인 도시인들의 산나물 뜯기는 점점 더 미움을 사고 있다.

그물을 쳐서 산 위로 오르내리는 뱀을 몽땅 잡는 행위는 들쥐 떼가 극성을 부리게 하고, 겨울잠을 자는 개구리를 포크레인을 동원하여 끄집어내는 행위는 벌레들을 불러온다. 과도한 농약 사용은 잘 어우러져 있는 토양의 먹이사슬을 송두리째 무너뜨린다.

도입종

생태계는 종 조성으로 대표되는 구조를 바탕으로 기능을 유지하고, 또 기능의 유지는 구성종들을 선택하는 과정에 영향을 준다. 그러나 종의 구성이 달라져도 생태계의 기능이 크게 달라지지 않거나 오히려 특정 기능이 왕성해질 수 있다. 이를테면 부레옥잠이나 블루길이 이 땅에 만연해도 에너지 흐름과 물질 순환 기능은 유지될 수도 있다. 때로는 외래종이 절멸한 토착종의 기능을 대신하여 생태계의 기능을 유지할 수도 있다. 따라서 어쩔 수 없이 외래종의 도입으로 일부 기능을 보완하는 것은 친구에게 도움을 받는 것처럼 장려해야 될 경우도 있다. 그러나 생태계의 기능을 지나치게 강조하는 것은 일본이나 미국 사람들이 우리나라의 경제적, 행정적 기능을 관리해도 좋다는 발상과 같다. 우리가 왜 일제 치하의 역사를 수치스러워 하는가?

작은 문제를 해결하기 위해 깡패에게 청탁했다가 발목이 잡히는 줄거리의 드라마에서 보듯이 도입종의 도움은 정말 값비싼 대가를 요구하는 경우가 많다. 이를테면 남아프리카에 도입된 큰키나무는 빨리 자라 좋기는 했는데 많은 양의 물을 써 버려 유역의 물 흐름에 큰 변화를 일으켰다.[18] 물론 거기서도 외래종 도입은 헐벗은 산을 녹화해야 한다는 급한 마음에서 시작되었다. 그래서 빨리 자라고 노출된 토지를 감싸서 침식을 맞는 데 적당한 수종을 유럽과 호주로부터 도입했다. 그러나 이들은 빠르게 번져 가서 고유종을 몰아내고 왕성하게 토양 수분을 흡수하여 시내로 흘러가는 강물을 고갈시켰고, 이로 말미암은 수자원 공급 문제까지 일으켰다.

언젠가 미국 노스캐롤라이나 주립대학교를 방문했을 때도 이와 비슷한 얘기를 들었다. 미국의 개척 시기에 철도를 건설하고 노출된 땅을 덮어주는 작은키나무 식물이 필요했다. 그들은 잘 자라는 칡을 일본에서 도입하여 철도 주변에 심어서 땅을 보호하는 덕을 보았다. 그러나 항시 그러하듯이 처음의 적당한 혜택이 길게 연장되지는 않았다. 우리나라에서도 가끔씩 볼 수 있는 것처럼, 이제 미국 남동부 지대에서는 칡이 창궐하여 수목에 막대한 피해를 입히고 있다. 그때 만났던 일군은 어디선가 잘못 들었던지 그 칡을 한국에서 들여왔다고 조금은 비난 투로 말했기에 나는 이 일을 생생하게 기억하고 있다.

한편 경관의 구조와 기능은 사람의 마음을 움직이고, 사람의 마음이 바로 문화를 그린다. 서서히 밀고 들어오는 외국산 동식물이 이 땅의 경관을 꾸미고, 그 경관 속에서 어느덧 우리는 우리 문화를 잊어 간다. 서서히 데워지는 물속에서 천연스럽게 익어 가는 개구리처럼 우리는 이 부분에 지나치게 한가한 마음을 가지고 있는 것이 아닌지?

표 10에 포함된 자료는 우리나라 강산에 외국산 물고기들이 들어와 고유의 먹이사슬을 침범하고 있는 현실의 한 가지 보기일 뿐이다. 도입종의 극성은 우리 땅 고유의 먹이사슬에 억센 자의 갈취를 불러 놓은 모습이다. 이 땅엔 한국 사람에 의해서 유지되는 우리 문화가 필요하듯이 우리 생물에 의한 우리 생태계 기능 유지가 필요하

표 10 우리나라 수계에서 도입 어종과 황소개구리 분포

동물종	한강	금강	영산강	섬진강	낙동강
큰입배스	9	1	0	1	2
블루길	15	3	6	2	7
떡붕어	16	3	6	6	9
이스라엘잉어	17	3	4	6	5
초어	9	3	2	1	2
백련어	9	1	1	0	1
무지개송어	4	0	0	0	0
찬넬메기	7	1	3	2	1
황소개구리	9	3	4	2	4
총 조사 수역	19	4	7	6	10

(자료: 공동수 개인 제공, 1995)

다. 이것이 바로 이 나라의 생물다양성을 강조하는 실질적이며, 동시에 정서적인 이유이기도 하다.

이처럼 도입종은 이 땅의 평화스러운 먹이사슬의 밑바닥부터 꼭대기까지 흩트려 놓을 수 있다. 그럼에도 불구하고 이미 부주의한 실수로 인해 이 땅에 외국 동식물이 잠식해 들어오고 있다. 간간이 아까시나무나 돼지풀의 성가심이 언급되지 않는 것은 아니지만, 눈에 띄는 일들에 밀려 이 문제가 체계적인 연구 대상으로 떠오르지 못하고 있다. 이 어두운 현실을 들여다보면 때로는 힘이 빠진다. 무엇보다 되돌아가는 길이 아득하기 때문이다.

1996년 봄 서울 남산의 아까시나무를 베어 내고 고유 식물을 심으려는 작업을 목격한 적도 있지만, 이것이 인력과 에너지, 돈이 들지

않고 되는 일인가? 하지만 지난 몇 년 동안 아까시나무가 산과 야생 동물을 보호해 준 대가라고 생각하면 조금은 위안이 된다.[19] 이제 도입종과 관련하여 변화된 먹이사슬의 특성을 어설프게 고치는 실수를 재연하지 말고 이미 일어난 일에 대해서는 신중한 방책을 찾는 방향으로 진행되어야 할 것이다.

생물 농축

생태계를 이루는 특정한 구성 요소의 생물량 증감은 외부로부터 섭취하거나 자신이 생산하는 양과 호흡이나 배설, 또는 먹히는 양의 차이에 의해서 결정된다. 어떤 원소나 물질을 잃는 양보다 얻는 양이 많으면 축적이 된다. 이를테면 우리가 성장하는 일정 기간 동안 섭취하는 음식물의 양에서 배설과 호흡, 증발로 사라지는 양을 빼면 몸무게의 변화로 나타나는 이치와 같다.

먹이사슬을 통해서 에너지와 물질이 이동하는 것은 각 영양 단계에서 얻고 잃는 과정의 연결이다. 하나의 영양 단계가 포식자로서 먹는 경우에는 무게를 얻는 것이고, 피식자로서 먹히면 잃게 되는 것이다. 이 경우 일정 시간 동안 얻는 양이 잃는 양보다 많으면 축적이 되고 적으면 감소된다.

먹이사슬을 따라 이동하는 물질 중에서 생물의 대사 작용에 이용되지 않는 디디티(DDT)나 피시비(PCB)같이 미생물에 의해서 분해가 잘 되지 않는 살충제와 방사능 물질, 독성 수은이나 납 화합물은 호흡으로 손실되지 않는다. 특히 합성 유기 화합물은 물에는 녹지 않으나 동물의 지방에는 잘 녹는 성질이 있기 때문에 배설물로 손실되는 양이 상대적으로 적어 생물체에 축적되는 경향이 있다. 이 과정으로 먹이사슬을 따라 높은 영양 단계로 갈수록 생물체의 지방 조

물
2×10^{6} ppm

식물성 플랑크톤
2.5×10^{3} ppm

동물성 플랑크톤
0.123ppm

작은 물고기
1.64ppm

큰 물고기
4.83ppm

물새알
124ppm

물새
124ppm

▲ 먹이사슬을 따라 일어난 생물 농축의 보기.[20]

직에 그런 물질의 농도가 점점 증가하는데, 이런 현상을 바로 생물 농축이라 한다.

유명한 레이첼 카슨(Rachel Carson)의 『침묵의 봄(Silent Spring)』은 이런 생물 농축 과정으로 DDT가 직접 살포되지 않은 북극의 고래나 곰에게도 DDT가 검출되는 사실을 인식시킴으로써 환경 문제에 관심을 이끌었다. 한편 방사능 물질과 독성 중금속은 천천히 분해되거나 아주 분해되지 않기 때문에 생물 농축된다.

표 11 영양 단계에 따라 다른 DDT 농도와 농축률

영양 단계	DDT 농도(mg/kg 건량)	농축률
물	0.000003	1
식물 플랑크톤	0.0005	160
동물 프랑크톤	0.04	약 13,000
작은 물고기	0.5	약 167,000
큰 물고기	2	약 667,000
새	25	약 8,500,000

(자료: Woodwell 등, 1967)

생물 작용으로 농축된 DDT나 다른 지용성 난분해 물질은 여러 가지 방식으로 생물을 위협한다. 직접 치명상을 입히는 경우도 있고, 생식에 지장을 초래하거나, 몸을 약화시켜서 질병, 기생충, 포식자의 침해에 저항력을 잃게 하기도 한다. 이러한 불길한 작용이 먹이사슬의 마지막 단계에 있는 사람을 예외로 하지 않는다는 데 더 큰 문제가 있다. ● ● ● ●

물질 순환과 생명 부양계

1991년 9월 26일 미국 애리조나 주의 남부 도시 오라클(Oracle)에서는 역사적인 행사가 진행되고 있었다. 1987년 초에 시작되어 무려 4년 이상의 공사 기간을 소요하며 건립된 대규모 실험 장치의 운행을 가동하기 위한 행사였다. 장치는 건평 12,700제곱미터에 달하는 거대한 온실로서, 8명의 과학자들이 그 안으로 들어가서는 출입문을 밀봉함으로써 인류 최초로 지구라는 자연 생물권과

▲ 생물학적 재생 과정을 시험하기 위해 설치한 대형 장치와 부대 시설로 이루어진 생물권 2의 모습.[20] 밀폐된 1.27 헥타르 면적의 온실로 다음과 같은 부대 시설을 포함하고 있다.
1. 우림지대, 사바나/해양.
2. 습지.
3. 사막.
4. 집약적 농경지.
5. 인간 거주지 등의 생명 부양 환경과 함께.
6,7. 허파 기능 지역.
8. 에너지 센터.
9. 냉각탑.

가장 가깝게 접근한 실험이 시작되었다. 적어도 그 당시에는 가장 완벽한 흉내라는 가정하에 일을 진행했다. 그리고 우리의 생명 부양계에서 일어나고 있는 여러 가지 생태적 과정을 비롯한 과학적 현상들을 관찰하고 증명할 것이라는 희망에 부풀었다. 그리하여 그 장치는 생물권 2(Biosphere II)라고 명명되었다.[21]

그런데 실험이 시작된 다음부터 생물권 2 주변으로부터 심심찮게 부정적인 소문이 흘러나왔다. 사실 생물권 2의 건립에는 시작부터 몇 가지 상충 부분이 포함되어 있었다. 부분적으로는 과학적인 연구를 고려한다고 했지만, 지나치게 관광 사업을 목적으로 하고 있다는 비난이 들리기도 했다. 실제로 1992년에는 무려 23만 명의 관광객이

다녀갔으며, 기념품점에서는 4백만 달러 이상의 판매고를 기록했다. 그러나 과학적인 측면에서 생물권 2는 그렇게 성공적이지 못했다.

생물권 2에서 공기, 물, 폐기물은 재순환되어서 태양 에너지와 전기, 컴퓨터, 전화를 제외하고는 외부로부터 공급받지 않는 것으로 되어 있었기 때문에 그것은 곧 물질 순환의 측면에서 닫힌계였다. 이런 실험은 흔히 물질 순환과 에너지 흐름이라는 생태적 사실에 근거를 두고 있었다.

생물권 1인 지구에서와 마찬가지로 생물권 2에서도 태양 에너지는 물을 순환시키는 원동력이며, 동시에 광합성에 필요한 에너지원이 된다. 증발된 물은 깨끗하게 되어 음료수로 이용될 수 있고, 광합성으로 생산된 음식물은 거주지(도시)에 있는 사람들을 먹여 살리는 기반이 된다.

사람들은 음식물을 먹고 소화 및 호흡하는 과정에서 그 속에 포함된 에너지를 사용하고 동시에 이산화탄소를 발생시킨다. 이렇게 발생된 이산화탄소는 숲이나 습지, 농경지의 식물과 바다의 식물 플랑크톤의 광합성에 다시 이용된다. 따라서 생물권 2에서는 이 과정을 통해서 외부와 물질 교환을 차단하더라도 이산화탄소가 충당되기 때문에 태양 에너지가 공급되는 이상 연속적인 광합성이 가능하게 된다. 동시에 생물의 호흡에 필요한 산소는 광합성 과정에서 공급되기 때문에 적절한 순 일차 생산량이 있는 이상 그것을 기반으로 동물과 사람들이 살아갈 수 있을 것으로 가정할 수 있다.

걱정했던 문제가 생기다

그런데 1992년에 생물권 2 안에서는 비정상적으로 증가하는 이산화탄소를 비밀리에 제거해야 했다. 1993년 2월에는 산소 농도가 21퍼

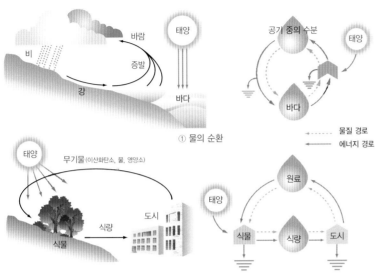

① 물의 순환

물질 경로
에너지 경로

② 유기물 생산 지역(숲, 농경지 등)과 소비 지역(도시) 사이의 물질 순환

◀ 에너지 흐름은 물질 순환을 추진한다.[20] 오른쪽은 왼쪽 그림에서 일어나는 에너지 흐름과 물질 순환을 개념도로 그린 것이다.

센트에서 15퍼센트로 뚝 떨어졌다. 산소 15퍼센트 농도는 고도 3,800미터 높이에서 나타나는 값으로 그 수준에서는 산소 결핍증이 나타나기 때문에 생물권 2의 생물들은 당초 계획과는 달리 외부로부터 산소를 공급받아야 했다.

생물권의 에너지 대사, 또는 에너지 변환이나 흐름으로 불리는 과정은 물질을 매개로 이루어진다. 그러한 에너지 흐름의 대표적인 매체가 탄소라는 물질이다. 생물권에서 에너지 흐름이 탄소에 작용하는 과정을 단순화시키면 아래와 같은 화학식으로 나타낼 수 있다.

$$6CO_2 \; + \; 6H_2O + Energy \; \xrightarrow{\text{생산 과정}} \; C_6H_{12}O_6 \; + \; 6O_2$$

이산화탄소 물 에너지 $\xleftarrow{\text{소비 과정}}$ 포도당* 산소

* 여기서 포도당은 대표적인 유기물이다.

위 화학식에서 오른쪽으로 진행되는 생산 과정은 유기물, 즉 에너지가 담긴 탄소 화합물의 합성 과정을 대표한다. 왼쪽으로 진행되는 과정은 유기물을 소비하는 과정이라고 볼 수 있다.

이때 생물권의 순 생산이 양(+)의 값을 가지면 해당 기간에 생물권에서 이산화탄소가 소비되고 산소가 생산된다는 사실을 나타낸다. 반대로 음(-)의 값을 가지면 이산화탄소가 증가되고 산소가 감소됨을 의미한다. 이 결과는 곧 생물권의 대기에 숨쉴 만한 공기의 질이 유지될 것인지 아닌지를 결정하는 요소이다.

생물권의 생산자들이 자기 호흡을 초과하여 만들어 놓은 순 일차 생산량의 일부가 사람들이 먹는 음식물인 동시에 다른 소비자와 분해자, 그리고 인공 동력기들이 기능을 발휘하기 위해서 필요한 에너지원인 것이다. 이 양이 충분하면 생물권 2는 지속적으로 운행될 것이며, 충분하지 못하면 사람을 비롯한 일부 생물들의 생존에 위협이 뒤따를 것이다.

1993년 2월 생물권 2의 공기에서 이산화탄소 농도가 높아졌다는 사실은, 그 밀폐된 공간에서 위의 화학 반응이 왼편으로 진행되었음을 의미한다. 이것은 바로 생물권 2에서 생물들이 숨쉴 만한 산소 수준이 유지되지 못했으며 동시에 생물권 2 안에서 순생산성이 음의 값을 가졌다는 것을 시사한다.

결과적으로 생물권 2 안에 사는 8명의 거주자들은 식사량을 줄여야 했을 것이다. 사실 그들은 1992년부터 대부분의 에너지 섭취량을 하루 1,750킬로칼로리로 제한해야 했다. 보통 어른이 정상적인 생활을 영위하기 위해서는 하루에 2,000~3,000킬로칼로리를 섭취해야만 한다는 사실을 고려하면, 그들이 배를 굶주렸을 것이라고 미루어 짐작할 수 있다.

아이러니컬하게도 이 굶주림은 생물권 2로부터 최초의 과학 논문 한 편을 발표하게 했다. 곧, 로이 왈포드 박사가 저칼로리, 저지방 음식물이 콜레스테롤, 혈압, 혈당과 몸무게를 감소시킨다고 보고한 것이다. 이러한 결과는 실험실 동물에서 나타났는데 스파르타식 다이어트가 노화를 지연시키고 사람들의 건강을 향상시킬 것이라는 점을 증명하게 될지도 모른다.

유기농이 오히려 화근이었다

그러면 생물권 2에서 산소 부족 현상을 일으킨 원흉은 무엇이었을까? 역설적이게도 토양의 비옥도를 유지시키기 위해 풍부하게 공급한 유기물이 산소 소모를 불러왔다.[24] 유기물을 기반으로 토양 미생물들의 활성이 강화되고 분해가 일어나면서 이산화탄소가 발생했던 것이다.

적절한 양의 유기물은 미생물의 활동을 매개로 토양을 식물 경작과 미세 동물들의 활동에 적합한 서식처로 만들지만 지나치면 골칫거리가 된다. 이것은 땅에서 유기물이 분해되면서 공기 중의 산소 소모를 일으키는 현상으로 수계가 부영양화되면 과도한 양으로 생산된 유기물이 분해되면서 수중의 산소 고갈을 가져오는 현상과 비슷하다.

이와 같이 지구에서 유기물 분해 과정은 현재 조금씩 낮아지고 있는 대기의 산소 수준을 설명하는 단서가 될지도 모른다. 어쩌면 파브르의 『곤충기』에서도 벌레와 미생물은 시체(유기물 덩어리)를 청소하는 생물이라 했듯이, 이들은 대기의 이산화탄소를 감소시키는 화석 연료와 유기물 축적을 상쇄시키는 데 그 존재 의의가 있는지도 모른다.

대기의 이산화탄소 증가와 지구 온난화에 따른 식물의 반응을 연구하는 장치[25]
1. 영국 방고르 육상 생태 연구소의 설비에서는 왼쪽 장치에서 발생시킨 이산화탄소를 온실 안으로 불어넣어 공기 중의 이산화탄소 농도를 조절한다. 각각 4개의 온실에서 현재보다 2배가 높은 경우와 현재 수준이 되도록 유지하는 경우의 식물 반응을 비교한다.
2. 중국 장백산 장기 생태 연구소에서 설치한 것은 소박하게 주로 온도에 대한 반응을 살핀다.

지구에서도 산소 결핍 현상이 생길 수 있다

일정한 수준의 산소 유지는 지구라는 보다 큰 계 안에서는 대체로 가능하다. 이를테면 도시에서는 광합성이 일어나는 양을 훨씬 초과하여 음식물의 소비로 표현되는 유기물의 산화가 계속되고 있지만, 열대 우림을 비롯한 숲과 농촌 지역에서 그것을 상쇄하는 양의 순생산성을 만들어 내기 때문이다.

지구 전체 규모에서 도시는 이산화탄소를 생산하고 숲, 습지, 바다, 농경지는 그 이산화탄소를 자원으로 광합성을 하여 도시로 식량을 공급하는 순환 과정을 이루며 균형을 이루고 있다. 그러나 비교적 적은 규모인 생물권 2에서는 대기의 용량이 매우 적기 때문에 인간 거주지에서 소비 과정이 지나치게 많이 일어나거나 순 생산성이 양의 값이었던 지역의 기능이 저하되면 그것을 상쇄할 수 있는 능력이 적을 수밖에 없다.

우려되는 것은 이제 지구에서조차 산소-이산화탄소 균형이 깨어지고 있다는 사실이다. 그 까닭은 산업혁명 이후 석탄과 석유를 포함하는 화석 연료의 과도한 소비와 숲의 파괴 때문이라고 한다. 이산화탄소 증가와 산소 감소가 서서히 일어나고 있는 것은 지구가 상

대적으로 생물권 2보다는 비교할 수 없을 정도로 큰 규모이기 때문일 뿐이다.[26]

생물권 2에서 불가피하게 일어난 산소 공급은 지구에서도 순 생산성이 음의 값을 계속하는 이상 언젠가는 산소가 인류의 생존을 위협하는 수준으로 떨어질 수 있다는 경고로 받아들여야 한다. 사실 원시 대기에서 산소는 거의 없었으며, 광합성을 할 수 있는 생물들의 활동으로 오늘날의 수준까지 오는 데는 엄청난 세월이 걸렸다.[27] 따라서 지구에서 다시 산소 농도가 떨어진다면 다른 생물들이 산소를 생산할 때까지 기다려야 한다. 생물권 2에서는 산소를 공급해 줄 바깥세상이 있었지만, 적어도 현재의 과학 수준으로는 생물권 1인 지구로 산소를 공급해 줄 바깥세상을 찾을 수 없다. ● ● ●

가벼워지는 지구

중학교 3년 동안 나에게 많은 추억을 안겨 준 통학 길은 공동묘지 사이를 지나고 있었다. 어느 날 무수히 솟아 있는 무덤을 보며 엉뚱한 걱정을 하기도 했다. 무덤이 늘어나면 지구가 무거워지고, 그에 따라 나타날 지구의 만유인력 변화로 우주의 균형이 깨어지지 않을까?

나는 최근에 이와 유사하게 인간의 활동이 지구 자전을 변화시킬 수 있다는 주장을 들었다. 1996년 고다드 우주비행센터(Goddard Space Flight Center)의 한 지구물리학자는 북반구에 몰려 있는 대형 댐 때문에 생기는 지구 무게중심의 이동으로 자전 속도를 변화시킬 수 있다고 했다.[28]

내 어린 날의 걱정은 머릿속에 잠재되어 있다가 생태학 공부를 하면서 나름대로 연장된 사유로 이어졌다. 물질적인 측면만 고려하면 무덤 속의 시신으로 변한 사람이 일생 동안 한 일이란 지구 한 부분의 자리 옮김이다. 그러니 무덤이 늘어난들 지구 생태계의 크기에는 변화가 없으리라.

그러나 다시 지구의 크기가 변하고 있다는 인식이 찾아왔다. 지구 역사 동안 꾸준한 산소 증가에 비례하여 유기물 생산의 증가는 지구의 크기를 키워 왔지만, 이제는 화석 연료 사용 증가와 숲 훼손으로 소비 과정이 우세하여 반대 현상이 연출되고 있다.

결국 인간의 일생 동안 지구의 크기는 현저하게 변하지 않지만, 6억 년 전부터 유기물이나 그 변형물(화석 연료)이 축적됨에 따라 지구는 아주 천천히 무거워졌다. 사람들의 활동과 함께 이제 지구는 다시 작아지는 쪽으로 선회되었다.

다음에 나오는 그림에서 보는 바와 같이, 오늘

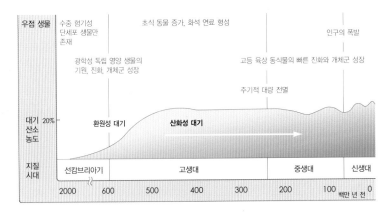

| 우점 생물 | 수중 혐기성 단세포 생물만 존재 | 초식 동물 증가, 화석 연료 형성 | | 인구의 폭발 |

광합성 독립 영양 생물의 기원, 진화, 개체군 성장

고등 육상 동식물의 빠른 진화와 개체군 성장

주기적 대량 절멸

대기 산소 농도 20%

환원성 대기　　산화성 대기

| 지질 시대 | 선캄브리아기 | 고생대 | 중생대 | 신생대 |

2000　600　500　400　300　200　100　0　백만 년 전

◀ 지질학적 역사에서 생물군의 진화와 대기의 산소 및 이산화탄소 수준 변화 사이에 일어나는 관계.[20]

날 지구에서 유지되고 있는 산소 수준은 오랜 역사를 통해서 이루어졌다. 지질학적 연구에 의하면 대략 46억 년 전 생성된 지구는 무려 25억 년이 훨씬 넘는 기간 동안 환원성 대기를 유지하고 있었던 것으로 보인다. 그때는 질소, 수소, 이산화탄소, 수증기를 포함하고, 또한 일산화탄소, 염소, 황화수소도 오늘날의 많은 생물들에게는 유독할 정도로 높은 농도를 유지하고 있었다. 지구 대기의 화학적 조성에 나타난 큰 변화는 적어도 20억 년 전 최초의 광합성 미생물인 시아노박테리아의 출현으로 시작되었다.

광합성 미생물은 태양 에너지를 사용하여 간단한 무기 물질로부터 음식물을 만들 수 있었고, 그 부산물로 기체 상태의 산소를 방출했다. 지구의 순 생산성이 양의 값을 가짐에 따라서 대기의 산소는 증가하기 시작했고, 산소가 대기로 확산되어 감에 따라서 에너지 효율이 훨씬 더 높은 호기성 생물들이 진화했다. 그리고 오존 보호막이 발달되어 생명이 지구 곳곳으로 퍼져나가는 것을 가능하게 했다. 점점 더 복잡한 다세포 생물들의 발달이 거의 폭발적으로 뒤따라 일어나면서 오랜 기간 생산이 호흡을 초과하게 되었다. 그림에서 보는 바와 같이 고생대에는 오늘날과 같은 수준으로 산소가 증가되고 이산화탄소는 감소되었다. 그 수준은 아주 적은 범위 안에서 변화를 보이며 오늘날까지 거의 일정하게 유지되고 있어서 지구 안에서 인류의 출현과 생존이 가능했던 것이다.

지금은 예전에 했던 걱정과는 오히려 반대로 화석 연료와 유기물의 분해 증가로 지구는 서서히 가벼워지고 있다. 탄소만을 고려하면 매년 지구로부터 탄소 3.2×10^{15}그램에 해당하는 지구 무게가 감소되는 셈이다. 물에 담가 둔 사탕으로부터 용해성 물질이 녹아 들어가듯이 대기에 담긴 지구로부터 탄소 물질이 녹아 확산되고 있는 듯한 모습이 그려진다. 그렇지만 지구에 물질이 보태지고 공기로 손실되는 과정은 다른 과정들이 많이 포함되어 있으니 그것들을 고려해야 할 것이다. 이를테면 운석과 분진, 질소 고정 등을 통해서 지구에 보태는 무게가 날아가는 탄소의 양을 상쇄하는가 하는 의문은 남아 있다.

지금 지구가 가벼워지는 까닭은 과거의 광합성 산물이 과도하게 소비되는 결과이다. 따라서 지구가 가벼워지는 과정을 막는 데 가장 이상적인 방법은 광합성을 통한 대기 중 이산화탄소의 고정이다. 광합성의 증가는 지구상의 일

표 12 지구에서 연간 생산되고 소비되는 이산화탄소의 양(10^{15} g C/yr)

화석 연료 연소와 시멘트 생산	5.5±0.5
열대 토지 이용 변화에 의한 방출	1.6±1.0
해양에 의한 흡수	-2.0±0.8
북반구 숲의 재생산	-0.5±0.5
기타 육상 생태계 흡수	-1.4±1.5
(이산화탄소와 질소 공급 증가, 그리고 기후 온난화에 의한 광합성 증가)	
대기의 증가	3.2±0.2

(자료: IPCC , 1994)

차 생산자 이용으로 가능하다. 혹자는 나무를 심는 방법만이 유일한 방법이라고도 한다. 어느 해양생태학자는 해양에서 철분이 일차 생산량을 제한하고 있는 지역에 철분을 뿌려 주면, 바다의 조류가 광합성을 증가하여 대기의 이산화탄소를 감소시킬 수 있다는 제안을 하기도 했다. 다행히 지구가 가벼워지는 속도가 상대적으로 느려서 문제가 될 만큼 빠른 만유인력 변화를 초래하지는 않을지라도, 이것은 지금까지 논의한 문제와 관련하여 인간의 자성을 촉구하고 있는 현상이다.

지구가 가벼워지는 만큼 대기의 이산화탄소 농도는 증가한다. 그러면 어떤 현상이 일어나는가? 대기의 짙은 이산화탄소 층은 짧은 파장의 빛을 통과하지만 땅에서 열로 바뀐 다음 긴 파장의 빛은 통과하지 못한다. 따라서 열이 반사되어 땅으로 되돌아가면서 지구를 데우는 효과를 발휘한다. 우리는 이를 '온실 효과' 라 한다. 지구 전체의 기온이 점점 높아지는 현상을 '지구 온난화' 라 하며, 이 변화로 지구 전체의 생물과 비생물 과정이 바뀌는 모습은 지구 환경 변화의 한 부분이다.

산업혁명 이후 대기의 이산화탄소 농도가 증가하는 까닭은 크게 두 가지로 요약된다. 하나는 기하급수적으로 증가하는 화석 연료의 소비량 때문이다. 다른 하나는 숲과 초지가 파괴되면서 생물체와 토양에 유기물 형태로 존재하던 탄소가 이산화탄소로 변하고 있는 탓이다.

우리나라의 경우는 지난 몇십 년 동안 진행된 녹화 사업의 성공으로 숲이 상당한 양의 이산화탄소를 흡수하고 있다. 그러나 경제 발전의 원동력인 에너지 자원을 수입에 의존하면서 순

1, 2. 경기도 포천의 광릉 숲에 있는 유동탑에는 숲 지붕 위에서 일어나는 기상 현상과 생지화학적 현상에 대한 자료를 획득하는 설비들이 갖추어져 있다.[32]
3. 잘 보존된 자연 초원은 지상부보다 땅속의 뿌리와 유기물에 훨씬 많은 탄소가 저장되어 있다.[33]

수한 탄소 방출량이 크게 증가하고 있다.[30]

지구 전체 차원에서 보면 토양에서 뿌리와 미생물 호흡으로 이산화탄소로 방출되는 탄소는 대략 75~80×10^{15}그램 정도 되며, 이 값은 화석 연료 소비로 나오는 크기의 11배 정도가 된다.[31] 따라서 최근에는 숲으로 흡수되는 탄소량뿐만 아니라 토양과 숲 위로 뿜어 나오는 이산화탄소 방출량에 대한 연구가 활발하다.

숲의 광합성과 호흡으로 흡수되고 방출되는 탄소량은 에너지와 물의 유동량과 밀접한 관계가 있기 때문에 이들을 함께 측정하면 훌륭한 연구 자료가 된다. 숲 속에 탑을 세워 놓고 높이에 따라 유동되는(flux) 양을 측정하는 장치들이 있는데, 이것을 유동탑(flux towen)이라고 부른다.

우리나라에도 유동탑을 이용해서 연구를 하고 있는 곳이 있다. 백두산에는 중국에서 설치한

114

▶ 백두산 중국 지역의 낮은 곳에서 본 넓은 숲 지붕(forestcanopy).[30] 숲은 끊임없이 탄소를 흡수하고 또 뿜어낸다.

유동탑이 두세 곳 있어 숲의 기상과 에너지, 탄소 그리고 물의 관계를 연구하고 있다. 남한에는 경기도 포천의 광릉 숲을 비롯하여 몇 군데 설치되어 있고, 그것들을 이용하여 기상학자와 생태학자들이 공동으로 연구하고 있다.

이제 증가된 대기의 이산화탄소가 어디로 가는가 하는 문제를 간략히 살펴보자. 여기에 대한 예상은 두 가지 다른 해석이 있다.

첫째는 이산화탄소가 증가하니 그것을 감소하는 방향으로 반응이 진행될 것이라는 생각이다. 그것은 화학에서 흔히 르샤틀리에의 법칙이라는 것과 다름이 없다. 이산화탄소 증가를 감소시킬 광합성은 고양되고 이산화탄소를 방출하는 유기물의 분해 과정은 위축될 것이다. 앞의 표에서 이산화탄소와 질소 공급, 그리고 기후 온난화에 의해서 촉진된 광합성의 증가로 기체 상태의 이산화탄소가 흡수된 것은 그런 과정을 포함한다.

두 번째 입장은 식물 생리 활동에 필수적인 다른 영양소 공급이 뒤따르지 못하면 광합성이 더 이상 증가하지 않을 것이라는 생각이다. 인위적인 고정과 화석 연료 연소에서 비롯되는 질소 화합물의 공급으로 과잉 현상이 일어나는 오늘날의 상황에서 질소는 광합성의 제한 요소로 작용할 것 같지 않다. 대신에 먼지를 제외하고 거의 대부분 토양에서 공급되는 인(phosphorus)은 결핍될 가능성이 크다.

그 까닭은 공기에서 공급이 되지 않으면서 침식과 용해로 많은 양의 인이 수계로 유실되고 있기 때문이다. 따라서 대기의 이산화탄소가 증가하더라도 토양에서 인의 결핍으로 광합성은 장기적으로 지속될 수 없다. ▨

광합성과 호흡, 생산량의 측정[35]

그동안 환경 인자들의 변화에 따른 식물 잎의 광합성 반응에 대한 내용들은 많이 연구되었다. 주로 폐쇄된 실험실의 조절된 환경 조건에서 어린 나무들의 잎에서 일어나는 기체 교환을 측정함으로써 광합성량을 추정하곤 했다. 지금은 현장에서도 측정할 수 있거나 때로 환경 조건을 조절할 수 있는 휴대용 적외선 이산화탄소 분석기가 개발되어 판매되고 있다. 또한 생산자의 호흡 측정을 위해 휴대가 가능하고, 줄기나 가지, 그리고 뿌리에 잘 맞도록 규격화된 용기와 기체 분석기도 이용된다. 지금까지는 호흡보다는 광합성에 대한 측정이 더 많이 이루어졌으나 지구 온난화 문제가 대두되면서 최근에는 이산화탄소의 발생에 대한 자료를 많이 수집하고 있다.

순 일차 생산량(NPP, net primary production)은 현존 생물량(standing biomass)과 낙엽량을 일정한 시간 간격을 두고 계속 채취하여 추정할 수 있다. 숲에서 이러한 방법을 많이 이용했지만, 지하 생물량(belowground biomass)과 뿌리 대사 회전(fine root turnover)을 추정하는 어려움 때문에 이러한 연구는 주로 지상 생물량(aboveground biomass)의 순 생산 추정에 국한되어 이용되었다. 그러나 시계열적인 토양 채취나, 토양 채취 후 뿌리가 없는 흙으로 메우는 방식으로 온대 지방에서 뿌리의 생물량과 순 일차 생산량, 그리고 대사 회전에 대한 자료도 제법 축적되었다.

뿌리 대사 회전의 경우 '질소 대사 회전(nitrogen turnover)' 방법에 의하여 추정하고 있다. 실용적인 측면에서 최근 개발된 실뿌리 대사 회전(fine root turnover)의 측정 방법은 소형 비디오

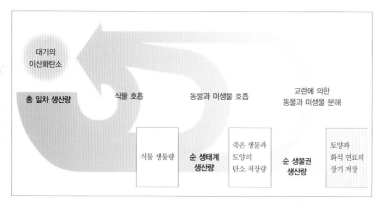

대기의
이산화탄소

총 일차 생산량 　 식물 호흡 　　　 동물과 미생물 호흡 　　　 교란에 의한
동물과 미생물 분해

식물 생물량 　 **순 생태계
생산량** 　 죽은 생물과
토양의
탄소 저장량 　 **순 생물권
생산량** 　 토양과
화석 연료의
장기 저장

◀ 광합성과 호흡 그리고 대기
이산화탄소 농도의 관계.

카메라와 토양에 삽입된 투명관의 한쪽 면을 따라 뿌리를 자동적으로 탐지하는(scanning) 장치를 이용한다. 사진 분석을 통하여 뿌리 길이와 표면적을 컴퓨터를 통하여 산출한다. 이러한 기술은 일반적으로 뿌리를 채취하고, 씻은 다음에 무게를 재는 수고스러운 기존의 방법들에 의하여 얻어진 결과를 확장하는 데 좋은 기반을 제공한다.

순 생태계 생산성[36]을 추정하는 가장 좋은 방법은 광범위한 숲에서 발생하는 실제 이산화탄소의 방출량을 미기상학적 기술을 이용하여 측정하는 것이다.

이는 흔히 에디 공분산 유동탑(eddycovariance flux tower) 측정이라 한다. 이러한 기술은 일차원적인 또는 보다 정확하게는 삼차원적인 수직 방향의 에디(eddy)를 측정하는 실시간 풍력계(fast-response anemometer)와 미세한 기체 교환 측정 장비, 그리고 상당한 수준의 컴퓨터 기술을 이용한다. 장비의 평면을 통과하는 실제 이산화탄소의 양은 수직 방향의 풍속(w)과 이산화탄소의 농도(c)의 곱에 대한 평균 공분산 값으로 산출된다. ▨

생태계 발달

존재하는 모든 것은 변한다. 인류 역사에서는 여러 국가들의 흥망성쇠가 있었다. 마찬가지로 하느님이 창조하셨든 저절로 생겼든 지구가 탄생한 이래 새로운 생물종이 생겨나고 또 사멸되는 과정은 끊임없이 계속되고 있다.

그러면 어떤 자연 지역에 서식하는 식물 종들의 단기적인 흥망성쇠 또는 생물 구성에 대한 역사도 생각해 볼 수 있지 않을까? 지구의 장기 역사가 '진화'라는 이름으로 기술된다면 국지적인 지역의 단기 역사는 '천이'라는 개념으로 표현된다——이 부분에 대해서 미국의 생태학자 오덤 박사는 생태계의 역사에 생물적 요소뿐만 아니라 무생물적 요소의 변화가 함께 일어나기 때문에 '생태계 발달'이라는 용어가 더 적절하다고 했다. 천이는 왕조가 계승되듯 지역을 차지하는 식물과 동물, 미생물이 시간이 흐름에 따라 바뀐다는 의미를 가지고 있다.

역사 변천에는 구조적인 측면과 기능적인 측면이 있다. 왕조와 역사를 주도하는 세력과 그들 주변의 민초들이 하나의 구조를 형성한다면, 거기서 구조 및 분위기를 생성하는 과정들은 기능이 된다. 생태학에서도 생태계의 역사적인 면, 곧 생태계 발달이 논의될 때 구조적 · 기능적 측면을 나누어 고려하곤 한다.

구조적인 측면

온대 지역에서 화산이 폭발하거나 지각의 융기에 의해서 바다의 바닥이 공기에 노출될 때, 아무런 육상 식물이 존재하지 않는 불모지가 생겨날 것이다. 이제 시간의 흐름에 따라 그곳의 식물 구성은 어떻게 변천될 것인가?

불모지에 처음으로 옮겨 와 살 수 있는 생물은 육안으로 잘 인식되지 않는다. 그러나 불모지의 첫 입주자는 영양 물질과 토양 수분이 빈약하고 땅 표면이 태양열에 직접 노출되어 있는 극한 상황에서 살아갈 수 있는 미생물이다. 미생물이 일군 척박한 땅으로 처음 들어오는 식물은 지의류라 한다. 지의류가 처음 그곳을 우점할 때는 환경이 그들에게 유리한 편이다. 그러나 지의류와 함께 하나의 공동체를 이루는 하등 동물과 미생물의 활동으로 주변 환경이 바뀌기 시작한다. 그 생물군들은 에너지와 영양 물질을 흡수하고 또 노폐물을 분비하는 과정에서 주변 환경을 바꾸기 때문이다.

머지않아 지의류도 밀려난다. 민들레나 사초, 볏과 식물이 끊임없이 자리를 비집고 들어온다. 그 무렵에는 주변의 여건이 이러한 초본 식물에게 유리해지기 때문이다. 그러나 그 지역에서 한 시기를 풍미한 초본 식물의 운명도 영원하지 못하다. 그들이 지의류를 밀어냈던 것과 같이 스스로 바꾼 환경 때문에 떨기나무에게 밀려날 처지를 맞게 된다.

이런 과정을 거쳐서 떨기나무 시대를 지나 소나무 숲이 그곳에 자리잡게 된다. 그러나 햇빛을 좋아하는 소나무도 드디어 그늘에서 잘 견디는 나무들에게 밀려난다. 외부적인 교란이 없다면 우리나라 산지 비탈은 신갈나무와 졸참나무 등의 참나무 종류와 여러 가지 떨기나무들이 섞여 자라는 온대 잎떨어지는 넓은잎나무숲이 된다.

이와 같이 식물군들이 자리 이음을 하는 과정을 '식물 천이'라 한다. 그러나 식물상의 변화와 함께 식물에서 먹이와 보금자리를 얻는 동물과 미생물도 변한다. 이를테면 수관이 없는 숲의 가장자리에 사는 새들은 숲이 성숙해 감에 따라 주로 숲 안에 서식하는 새들에 의해 밀려 나간다.[37]

따라서 어떤 지역의 천이를 포괄적으로 생태계 발달이라 한다. 천이 동안 일어나는 각각의 단계는 천이 단계라 한다. 시간이 충분히 흐른 다음 더 이상 생물상의 변화가 분명하지 않을 것이라고 보는 천이의 마지막 단계는 극상이라고 한다.

이처럼 천이는 생태계 안에서 시간에 따른 종의 구성과 군집의 변화를 의미한다. 그것은 거기에 존재하는 생물 종에 의한 물리적 환경 변화와 동일 집단 수준에서 일어나는 생물 상호 작용의 결과로 나타나는 현상이다. 물리적 환경이 변천의 양상과 속도를 결정하고 종종 발달 한계를 규정하기도 하지만 천이는 궁극적으로 생물 작용에 의해서 조절되는 과정이다.

기능적인 측면

사람이 태어난 다음 나이를 먹어 감에 따라 변해 가는 몸무게를 그래프로 그려 보면 어떻게 될까? 사람의 일생은 아마도 서서히 자라는 유아기, 한창 자라는 성장기, 나이가 들어 더 이상 몸무게가 크게 변하지 않는 시기로 나누어 볼 수 있다. 나이에 따라 나타나는 몸무게를 보여 주는 그래프 모양은 대략 다음 그림과 같을 것으로 추측된다. 이제 나이를 x축으로 하고 매년 증가하는 몸무게의 증가량을 y축으로 하여 그래프로 그려 보면 어떨까?

상식적으로 생각해 보면 서서히 증가하는 시기, 한창 증가하는 시기, 나이가 들어 증가하지 않는 시기는 그림 ②와 같은 형태를 보여 줄 것이다. 이것은 사실상 그림 ①의 그래프를 방정식으로 표현했을 때 그에 대한 미분 함수의 그래프다.

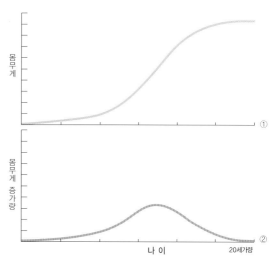

그러면 하나의 생태계가 발달되는 동안 축적되는 유기물 총량을 시간에 대한 그래프로 그려 보면 어떻게 될까? 그 유기물을 구성하는 원소들의 비율이 일정하다면 생태계가 발달되는 동안에 축적되는 유기 탄소 또는 질소 등 영양 원소 총량은 어떻게 될까? 그리고 시간에 따라 매년 달라지는

▲ 나이에 따라 달라지는 몸무게의 변화.

유기물 증가량을 그래프로 그려 보면 어떻게 될까? 이러한 변화를 살펴보기 위해 실내의 작은 모의실험 장치와 실제 생태계의 하나인 숲에서 측정한 결과를 비교해 보자.

모의실험 장치에 나타나는 생태계 발달은 유리 플라스크 같은 실험실 배양기에 빛을 공급함으로써 관찰할 수 있다. 생명 활동에 필요한 무기 염류들을 적당히 함유하는 배양액으로 플라스크를 반쯤 채우고 연못에서 채취한 물과 침적물 시료를 접종한다. 다양한 작은 생물들과 식물의 번식체 또는 씨앗들이 그 용기에 포함되도록 시료를 둘 이상의 지역에서 채취하여 접종하는 것이 좋다.

다음 그림은 그러한 모의실험 장치에서 관찰되는 생태계의 특징 중에서 광합성에 의한 생산(P)과 호흡(R), 생물량(B)의 변화 양상을 보여 주고 있다. 연못으로부터 가져온 조류(algae)를 배양기에 넣어 놓으면 처음 2~3주 동안에는 풍부하게 공급되는 영양 물질을 이용하여 빠르게 성장한다. 세균, 원생동물, 선충류, 갑각류 같은 작은 종속 영양 생물들도 조류 생산으로 공급되는 먹이량에 따라 비슷한

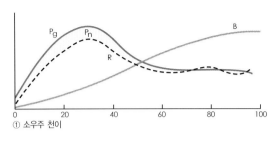
① 소우주 천이

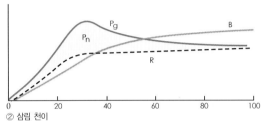
② 삼림 천이

천이와 생산성의 변화[36]
1. 모의실험 생태계.
2. 숲 생태계.
Pg=총 일차 생산량, Pn=순 일차 생산량,
R=호흡, B=생물량.

증가 추세를 보인다. 따라서 살아 있는 물질의 전체 무게인 생물량은 빠르게 증가된다. 이와 같이 배양의 초기 단계에는 총 생산(P)이 총 호흡량(R)을 초과하기 때문에 순 생산량은 생물량으로 축적된다.

그러나 배양기와 같은 닫힌계는 시간이 지남에 따라 공간과 영양 물질 같은 자원이 활용의 포화 상태에 이르게 된다. 그 결과 유기물 부패에 의한 영양 물질의 재활용률에 의해 생산율은 제한되기 시작한다. 시간이 더 흐르면 생산량과 호흡량이 균형을 이루게 된다. 이 상태에서는 순 생산량이 없어서 더 이상의 생물량 증가도 일어나지 않게 된다. 외형적으로 배양기는 밝은 초록빛에서 연두색으로 변하는데 성숙된 단계에서 유기 쇄설물과 그것을 먹고 사는 작은 동물들이 우세해지기 때문이다. 이 상태는 무한히 계속될 수 있으나 최초의 접종에서 생물다양성이 낮으면 생태적으로 주요한 과정을 수행할 수 있는 생물들이 없어 죽은 생태계로 변할 수도 있다.

위에서 보는 바와 같이 천이는 극단적인 독립 영양 상태에서부터 시작할 수 있다. 때로는 호흡이 생산을 능가하고 있는 종속 영양 상태에서부터 천이가 시작될 수도 있다. 종속 영양 상태에서 천이가 시작되는 흥미 있는 보기로는 동물을 키울 때 사용하는 배양을 들 수 있다.

일정량의 건초를 물에 넣고 끓인 후 그 용액을 어둠 속에서 2~3일 정도 내버려 두면, 종속 영양 세균의 배양이 진행된다. 아주 작은 미소 동물들을 포함하고 있는 연못물을 첨가하면 한 달 가량 동물 천이를 관찰할 수 있다. 보통 단세포 동물인 편모충들이 처음에 나타나고 섬모가 있는 원생동물들이 그 뒤를 잇는다. 그 다음으로 다소 특이한 기능을 가진 섬모충과 아메바, 그리고 윤충들이 천천히 자리를 이어간다.

그러한 두 가지 형태의 천이는 실험실에서 진행될 수 있는 작은 규모의 생태계로 비교할 수 있다. 이러한 배양에 의한 천이의 관찰은 새로운 연못이나 인공호에서 일어나는 독립 영양 천이와, 폐수가 연못이나 시냇물에 유입된 후에 일어날 수 있는 종속 영양 천이의 초기 단계 모습을 보여 준다.

그림에서 보는 바와 같이, 인공적인 작은 생태계에 나타나는 천이 추세는 더욱 큰 자연 생태계인 숲에서 긴 기간에 일어나는 것과 비슷하다. 그러나 일반적으로 모의실험 장치는 너무 작고 닫힌계이기 때문에 물리적·생물적 다양성이 크지 않다. 따라서 생태계 발달과 함께 일어나는 중요한 특성들을 모두 보기 어렵다.

요컨대 어린이들은 어른들보다 상대적으로 빨리 자란다. 이와 비슷하게 젊은 생태계는 성숙한 생태계보다 변화 속도가 빠르다. 그런 일면으로 천이의 중간 연령에 있는 생태계에서 유기물이 축적되는 속도는 초창기나 극상에서보다 빠르다. 유기물은 수소, 산소, 탄소, 질소, 황, 인 등의 영양 원소들로 이루어진다. 따라서 외부에서 그러한 영양 원소를 공급할 경우 젊은 생태계가 훨씬 왕성하게 받아먹는다.

이러한 양상은 젊은이들이 새로운 정보를 넙죽넙죽 챙기는 반면에 나이든 분들은 따라가지 못하는 현상과 일맥상통한다. 일반적으로 노인이 상대적으로 더 많은 정보를 소유하고 있지만 외부에서 주어지는 정보를 더 왕성하게 흡수하는 연령층은 젊은이들이다. 그리하여 숲도 천이의 중간 단계에서 변화와 생산성이 높고 충분히 성숙하면 유기물 생산과 소비가 균형을 이루는 정상 상태가 된다.

생태계 발달 원리들의 의미

영양소들은 육상의 숲과 농경지에 있으면 말 그대로 식물의 생장에 필요한 영양물로서 숲과 경작 식물의 증산에 공헌한다. 그러나 과도한 양이 호소나 강으로 들어가면 부영양화라고 부르는 수질 저하 문제를 일으킨다. 이러한 사실을 바탕으로 유기물과 영양소 함량이 높은 폐기물을 육상 생태계에 뿌리는 방법들이 고려되고 있다.

생태계의 발달 기간에 영양물을 수용하는 능력에 차이가 있다면 생태계의 영양소 흡수 능력이 가장 왕성한 시기에 유기 폐기물을 뿌리는 것이 가장 효율적이다. 이 시기는 생태계의 순 생산성이 가장 높은 때, 즉 생태계 발달의 중간 단계다. 이 시기는 우리 개인이 사춘기에 몸집이 커지고 많은 정신적 변화를 수반하는 것처럼, 발전도상에 있는 나라들이 여러 가지 고난을 겪어야 하는 것처럼, 생태계의 구조와 기능에서도 많은 변화가 일어난다.

이용의 측면만 고려하여 숲의 목재 생산 기능만 바라보는 사람들은 성숙하여 성장 속도가 이미 늦어지고 목재가 될 만한 나무들은 베어 낸다. 그러나 이 사회에 다음 세대로서 일할 어린이가 필요한 만큼 노인의 지혜가 필요하듯이 성숙한 숲이 가진 기능도 중요하다.

성숙한 숲은 토양 단면뿐만 아니라 수관의 수직적인 층 분화를 통해서 동물과 미생물들에게 다양한 서식처와 환경을 제공한다. 또한 충분히 성숙한 자연 숲은 풍우에 시련을 받으며 일부분이 교란되어 서로 다른 천이 단계의 조각들로 이루어진다. 이것은 생태적 특성이 다른 지역들의 안배로 숲 전체의 다양성을 유지하고 환경 변화와 조화를 이루는 데 유리하다.

이러한 자연 숲의 다양성을 고려하여 인간이 가꾸는 땅의 지역적 안배도 필요하다. 젊은 생태계는 생산 기능이 왕성한 반면에 성숙한 생태계는 우리에게 보호 기능을 제공한다. 이것은 젊은이와 노인이 더불어 사회를 이끌어 가는 성숙한 사회의 모습과 비슷하다.

인간의 삶이 유지되기 위해서는 식량이 공급되어야 하며, 그 식량은 생산성이 높은 천이의 초기 단계를 모방하여 이루어진다. 동시에 삶은 성숙한 생태계가 제공하는 보호 울타리도 필요하다. 그 울타리 안에서 우리는 문화생활을 추구할 수 있기 때문이다. 장기적으로 생물과 경관의 다양성이 없이는 정신적·문화적 다양성이 보장될 수 없다. 우리는 보고 듣는 만큼 생각하고, 생각한 만큼 문화 활동을 할 수 있기 때문이다.

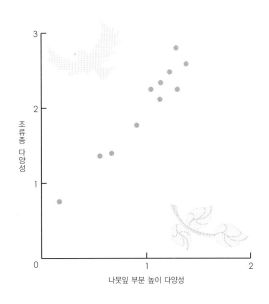

▲ 숲의 수직 층 분화의 다양성과 새의 종 다양성에 나타나는 비례 관계.[9]

우리가 흔히 일컬어 환경의 질이 저하되었다 함은 인간의 기준으로 보아서 그러하다는 것이지 모든 생물의 환경이 나빠졌다는 것을 의미하지 않는다. 즉 인간 활동은 인간 자신의 환경을 질적으로 저하시키면서, 어떤 다른 생물의 양호한 환경을 조성하고 있는지도 모른다. 지구 역사상 영원한 동물의 왕국도 영원한 나라도 없었다. 궁극적으로 대물림은 주체가 스스로 여건을 그렇게 조성함으로써 생겨난다. 이런 메커니즘으로 천이 과정 동안 식물과 동물, 미생물이 대물림을 하듯이, 그리고 진화 과정 동안 그러했듯이, '인간은 이 지구라는 서식지를 물려줄 준비를 하고 있는지도 모른다'는 비관적 결론에 다다른다.

다행히 인간이 다른 생물과 다른 점이 있다면, 그러한 운명을 조절하는 메커니즘과 변화를 어느 정도 알 수 있다는 것이리라. 과연 그 지식으로 자리 물림을 하지 않고 버틸 수 있을지, 아니면 그 지식으로 자리에 대한 애착을 어느 시기까지 지탱할 수 있을지는 아무도 모른다. 그 자리에 현존하는 것들, 그리고 들어오고자 하는 자연 요소들과 교감함으로써 어느 정도 존립의 연장이 가능하지 않을까? ● ● ●

젊은 생태계

나이 40이 넘으면 왕성하던 체력이 떨어진다는 말을 나는 믿지 않았다. 그러나 30대 마지막 해에 다가왔던 힘들었던 상황을 십진법에 길들여진 심리적인 문제라고 해석해야만 했다. 그 힘든 상황을 벗어나는 데는 늦은 나이에 검도를 시작하는 전략이 필요했다. 그렇게 해서 내 40대 초반은 검도 덕을 톡톡히 보았다. 지금도 검도는 내 신체라는 계의 젊음을 유지하기 위한 하나의 방편으로 이용되고 있다.

젊음이란 무엇일까? 육체적 · 정신적으로 신진대사가 원활한 것이 젊음의 가장 중요한 특징이다. 신진대사가 원활하다는 것은 다른 말로 잘 먹고 잘 배설한다는 뜻이다. 정신적으로는 새로운 정보를 받아들여 필요한 것은 취하고, 쓰레기 정보는 버리는 소화 과정이 젊은이의 특징이다. 물질이든, 에너지든, 정보든 받아들이고 뱉어 내지 못하면 죽음과 마주친다.

내가 아침마다 운동을 하는 것은 내 육신에 자극을 주는 행위다. 그렇게 유지되는 육신의 젊음이 정신적 젊음과 병행할 것이라는 기대를 한다.

생태계의 젊음은 어떻게 유지할 것인가? 자연 체계에도 젊음을 유지하기 위한 운동이 있는 것일까? 생태계의 젊음을 유지하기 위해서 자극을 주는 방법은 무엇일까?

마치 적절한 운동으로 신체의 젊음이 유지되듯이 생태계에서도 젊음의 유지는 적절한 자극으로 이루어진다. 적절한 풍상, 홍수, 불이 바로 그런 자극의 매체다. 그런 자극이 없으면 조로(早老)한다. 이를테면 인위적인 목적으로 만든 댐을 통한 홍수 조절은 하류에 자극을 없앰으로써 하천 생태계의 조로를 가져온다. 그 대표적인 사례는 아스완 댐의 건립에서 찾을 수 있다. 댐의 건립으로 나일 강 하류의 범람은 줄어들고 그에 따라 삼각주의 조로는 필연적으로 뒤따라왔다.

우리나라 하천에도 댐의 난립으로 범람은 줄어들었지만 하류의 회춘 기회는 줄어들고 있음에 틀림없다.[40] 근래에 알게 된 캘리포니아 대학교 버클리 캠퍼스의 콘돌프(G. Mathias Kondolf) 교수에 의하면 구미에서는 댐의 건설로 부족해진 자갈과 침전물을 인위적으로 공급하여 회춘을 도모하는 사례가 늘어나고 있다고 한다. 반면에 우리나라에서는 골재 채취라는 이름으로 하천을 오히려 더욱 늙게 하는 사례가 발생하고 있다. 하류 하천이 받아들이고 뱉어야 하는 자갈을 걷어 내고 있으니 인위적인 조로를 조장하는 일이다. 어차피 늙어 갈 텐데 그것이 좀

빠르면 어떨까? 그렇다면 사람이여, 너 자신도 좀 더 빨리 늙어 가 볼 일이다.

생태계도 사람과 마찬가지로 나이를 먹어 가는 것이 자연적인 현상이다. 어린 생태계에는 어중이떠중이 생물들이 찾아온다. 그들은 서로 다투며 일부는 도태되고 선택된 생물은 조금씩 자신의 자리를 찾아간다. 이렇게 천이는 외형적으로 풀밭을 거쳐서, 떨기나무 숲을 지나 소나무 숲으로 자리바꿈을 한다. 소나무는 늘푸른나무라서 고고해 보이지만, 그 뒤에는 타감작용을 통해 다른 나무가 함부로 범접하지 못하게 하는 겸허하지 못함이 도사리고 있다. 그러나 그 소나무는 필경 더불어 살아가는 자세를 가진 나무들에게 자리를 물려 준다. 세월이 더욱 흐르면 참나무는 천이의 다음 시기를 승계한다. 소나무의 고고함을 밑거름으로 더불어

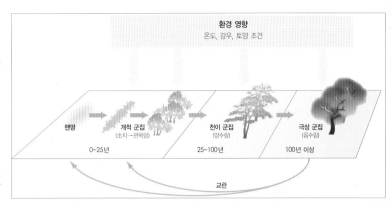

환경 영향
온도, 강우, 토양 조건

맨땅 → 개척 군집 (초지→관목림) → 천이 군집 (양수림) → 극상 군집 (음수림)

0~25년　　25~100년　　100년 이상

교란

▶ 육상에서 일어나는 천이 과정.

살아가는 성숙한 숲으로 이어지는 흐름은 인간 사회의 발전 과정과 유사한 점이 있을까? 있다면 지금 우리 사회의 천이는 어느 수준에 있을까?

어쨌거나 소나무 숲이 참나무 숲으로 바뀌어 가는 것은 자연스러운 현상이다. 이것을 거슬러 가려면 돈과 에너지를 써서 방해해야 한다. 이를테면 미국 조지아 주에서는 펄프용 소나무 숲이 참나무 숲으로 바뀌지 못하도록 인위적으로 관리한다.

남산 위의 저 소나무도 결국 참나무에 밀려날 것이다. 정서적으로 굳이 소나무를 남아 있게 하려면 인공적인 관리가 필요하다. 인공적인 관리는 남산이 노쇠하지 못하도록 자극하는 과정을 의미한다. 자연의 힘을 거슬러 가는 일은 반대 급부를 통해서 이루어진다. 내가 젊음을 좀 더 연장시키려고 운동을 하는 것도 거저 되는 일이 아니라 시간과 에너지를 투자해야 하는 점과 비슷하다.

그렇다면 남산 제 모습 가꾸기를 하기 전에 먼저 남산의 제 모습이 무엇인지 생각해 봐야 하지 않을까? 소나무가 있는 것이 좋을까? 아니면 천이가 그냥 진행되도록 두는 것이 바람직할까? 아니면 심각한 오염으로 병들어 있으니 치유를 해야 하는 것일까? 어차피 돌고 도는 세상이라 참나무 숲을 거쳐서 더욱 노쇠하면 다음 세대로 이어져 가기 위해 천이의 초기 단계가 따라 올 것이니 그냥 내버려 두어도 되지 않을까? 다만 내가 운동을 통해 체험하듯 어느 정도의 자극은 남산이 수용할 것이다. 그렇다면 어느 정도의 자극이 적절한 것일까? ▨

경관생태학으로

이제 경관생태학에 대한 우리 학계의 인식도 꽤 깊어졌다. 2002년 가을 현재, 내가 알기로는 적어도 두 권의 경관생태학 관련 외서가 우리말로 이미 번역되었고, 또 두 권의 국내 저작물이 출판되어 있다. 그런 만큼 경관생태학에 대한 지난날의 오해는 어느 정도 정리가 되었다. 세월이 흐르면 사실은 자연히 밝혀지는 것이다.

독일어 'landschaft'가 영어 'landscape'로 옮겨지고, 이것이 다시 우리말 '경관'과 이어졌다. 그리하여 경관과 경관생태학이란 말은 필요 이상으로 시각적인 의미를 부각시켜 기능적인 측면을 고려하지 않는다는 오해를 낳고 있다. 그러나 경관생태학이 나무나 심고 경치를 꾸미는 데 필요한 정도의 응용 생태학은 아니다. 때로 동의어로 'land ecology'[41]도 사용되지만 이 또한 우리말로 토지생태학이라 번역하면 수중 생태계(aquatic ecosystem)를 고려하지 않는 것으로 오해될 여지가 있다.[42] 아무튼 적절한 번역어가 제안되지 않아 아직은 오해의 소지가 있다.

경관생태학은 '하나의 경관을 구성하는 공간 요소들의 특징이 생물의 이동과 생지화학적 과정(biogeochemical process)을 포함하는 경관의 기능과 밀접한 관계를 가지고 있다'는 생각에서 출발했다. 이러한 생각은 사실 지극히 당연하다. 우리는 일찍이 '사람의 생김

새로부터 됨됨이를 알 수 있다'고 믿고 관상이라는 것을 보아 왔다. 여기서 생김새는 '구조'이며 마음 내면의 표출로 나타나는 행동은 바로 '기능'이다. 물리적인 경관 구조는 과정으로 나타나는 경관 기능과 뗄 수 없는 관계에 있다. 그 관계에 대한 연구가 바로 경관생태학의 근저를 이룬다. '땅에 대한 관상학'이라고나 할까.

경관생태학이란

경관생태학은 토지 자원 관리에 생태학적 원리를 적용하고자 하는 의도에서 태동했다. 신대륙에 비해서 면적이 좁고, 더 긴 세월 동안 일어난 인간의 교란으로 조각조각 난 토지 이용으로 자연 자원의 집약적 관리가 상대적으로 크게 요구되는 유럽에서 발달하여 1980년대 초에 북미에 도입되었다.[43]

　비행기나 인공위성으로 내려다본 지역은 여러 가지 유형의 토지 조각들로 이루어져 있고, 그러한 토지 조각이 모여 이루는 모양은 주변 환경의 질과 무관하지 않다는 인식은 경관생태학의 발전을 촉구하는 계기가 되었다. 그리고 지금의 환경 문제가 생태계와 생태계 사이에 평행을 이루고 있던 에너지와 물질의 분포가 인간의 토지 이용 변화와 함께 달라지면서 발생했다는 이해도 뒤따랐다. 이를테면 맑은 물의 오염은 육상 생태계에 있던 물질이 수중 생태계로 과도하게 이동함으로써 비롯되었다.

　'생태계생태학'은 하나의 생태계 안에 존재하는 내부 구성 요소들의 구조적인 측면과 물질 순환과 에너지 흐름을 포함하는 기능적인 측면에 관여하고 있다. 반면에 '경관생태학'은 경관 조각(patch)과 조각의 경계를 가로질러 일어나는 에너지와 물질, 생물, 정보의 이동 원리와 함께, 이러한 이동과 지역을 이루는 각기 다른 특징의

▲토지 모자이크.[47]

토지 크기와 모양, 배열, 구성 요소들 사이의 관계에 주목한다.[44]

그리하여 경관생태학은 경관 구획 안에서 생태계의 공간적 크기와 배열의 규칙성, 분포 등의 구조적인 내용과 그러한 공간적인 형상이 자아내는 유동, 상호 작용, 변화를 포함하는 기능적인 측면, 나아가 구조와 기능의 관계, 그리고 이들이 시간에 따라 달라지는 양상을 규명하는 데 열중하고 있다.[45]

경관생태학의 주요 단위인 경관은 토양과 동물, 식생이 자아내는 지질 구조뿐만 아니라 숲과 들판, 마을, 그리고 공장 부지와 같이 인간 활동으로 생기는 토지 이용 형태를 포함한다. 공간적으로 경관은 수 제곱킬로미터의 크기이며, 이질적인 지형과 식생 형태, 토지 이용의 모자이크로써 이루어진다. 그러한 모자이크는 크게 1) 긴 역사에 걸쳐 일어나는 지질적 과정, 2) 식물과 동물이 땅을 덮는 생물학적 과정, 3) 자연적으로 발생하는 불이나 태풍, 홍수, 산사태, 4) 벌채와 농경 활동, 도시 건설과 같은 인위적인 교란으로 형성된다.

따라서 최근의 경관생태학은 경관 형성에 점점 더 큰 영향력을 발휘하고 있는 인간 활동뿐만 아니라 그것을 좌우하는 인문적인 부분까지 연결시켜 경관 구조와 기능의 변화를 기술하고 예측하려는 시도를 하고 있다.[46]

경관생태학의 쓰임

생산지와 소비지 사이의 원활한 상품 유통은 건전한 경제의 원동력이다. 이와 비슷하게 경관생태학의 연구 결과를 바탕으로 에너지와

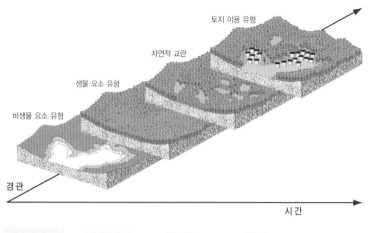

토지 이용 유형

자연적 교란

생물 요소 유형

비생물 요소 유형

경관

시간

| 자연적 요소 | → | 생태적 요인 | → | 생물 분포 | | 경관의 | | 환경의 질 |
| 인문적 요소 | → | 시장 원리, 사회 요인 | → | 토지 이용 정책/실행 | → | 구조와 기능 | → | 자원 공급 |

물질, 생물, 그리고 정보를 생성하고 공급하는 생태계와 소비하는 생태계의 연결을 도모할 수 있다. 이를테면 육상 생태계가 인위적인 토지 이용 변화로 영양물을 과도하게 내놓는 경우 그것을 받아 줄 다른 육상 생태계로 유통시키면 물로 들어가는 양이 적어질 것은 당연하다. 앞에서 언급한 식생 완충대는 비점오염원에서 발생한 물질을 받아 주는 주요한 경관 요소이기 때문에 특별히 관심을 받는다. 그러나 이것은 하나의 보기일 뿐이다. 물질뿐만 아니라 에너지와 생물, 정보의 자연적·인공적 공급처와 소비처를 밝히고 주고받는 관계를 원만히 이루도록 토지 이용 계획과 조경 설계에서 반영하는 노력은 이미 진행되고 있다.[48]

주고받는 아름다운 관계가 자연적인 과정으로 이루어지지 않으면 인위적으로 이들 대상의 분포를 조정하는 것이 바람직하다. 그러나 인위는 역시 많은 경우 많은 에너지와 돈을 필요로 한다. 실제로 우리는 이런 자연적인 과정을 소홀히 함으로써 폐수를 처리하거나, 축산 농가나 가정으로부터 흘러들어 상수원에 축적된 영양소를 육상으로 되돌려 놓기 위해 귀중한 시간과 돈을 쏟아 넣고 있다.

경관 수준의 과정은 우리가 보고 있는 공간적 구조를 형성하는 데 핵심적인 역할을 하고 있다. 동시에 경관 구조는 그 과정들과 유통에 주요한 조절 기능을 발휘한다. 생성처와 소비처 결성, 경관 요소의 연결성, 바람과 물, 동물, 사람에 의해 야기되는 흐름의 여러 가지 강도는 기능과 구조를 연결시키는 핵심이다. 경관 단위 사이의 물과 영양소 운반, 식물과 무척추동물, 척추동물의 이동과 같은 것이 중요한 요소가 된다. 이러한 이유 때문에 경관생태학자와 생태공학자들은 자연에서 일어나고 있는 자원의 흐름 경로, 물질의 이동 형태, 이동을 매개하는 힘의 발굴에 매진하고 있다.

경관에서 흐름은 다양한 과정과 매체로 이루어진다

자연에서 에너지와 물질, 생물, 그리고 정보가 이동하는 경로는 다양하다. 이동하는 실체는 정보를 제외할 때 대략 대기로 흩어지는 기체 형태, 물에 녹아 있는 상태, 흙 알갱이와 같은 입자 상태, 죽은 식물 조직(씨앗, 낙엽, 죽은 가지), 살아 있는 동물 등으로 나누어 볼 수 있다.

물질의 이동 형태에는 확산과 덩어리 흐름(mass flow), 생물의 능동적 이동이 포함된다. 확산이란 농도가 높은 곳에서 낮은 곳으로 흐르는 현상을 말한다. 이를테면 물에 잉크 방울을 떨어뜨리면 퍼져가는 것과 같은 현상이다. 덩어리 흐름은 물질이 바람이나 물의 흐름에 실려 이동하는 경우를 말한다. 흙탕물이 떠내려 가는 과정과 오염 물질이 포함된 공기가 이동하는 것은 덩어리 흐름에 속한다. 능동적 이동은 동물이 자신의 이동 수단으로 옮겨 가는 현상을 말한다.

모든 물질은 농도가 높은 곳에서 낮은 곳으로 확산하는 것이 자연스럽다. 그러나 지금 지구상에서는 인구 밀도가 낮은 시골에서 높은 도시로 사람의 이동이 일어나고 있다. 이것은 자연스러운 확산의 힘을 거스르는 현상이다. 그것은 에너지의 작용으로 덩어리 흐름과 능동적 이동을 통해서 확산에 역행하는 힘이 작용하고 있기 때문이다. 만약 인간 세상에서 에너지를 빼앗아 버린다면, 사람은 도시에서 시골로 흩어져 가는 것이 당연하다.

여기서 물질을 옮겨 놓는 힘은 태양 에너지와 중력, 원자력 등에서 비롯된다. 옮겨 놓는 매체는 물과 바람, 동물, 사람들이지만 물의 흐름도, 바람의 발생도, 동물의 에너지도, 사람이 가진 에너지도 대부분 태양 에너지에서 비롯되었다. 사람을 한곳으로 모으는 힘도 따지고 보면 태양에서 비롯되고 있으니, 이성적 동물인 인간은 어쩌면 태양의 장난에 놀아나고 있는지 모른다.

서식지 파편화 문제

토지 이용 변화와 함께 녹지의 파편화 문제는 경관생태학을 이루는 큰 연구 영역이다. 그것은 그러한 경관 요소의 변화가 바로 경관 구조와 기능을 동시에 바꾸어 놓기 때문이다.[51] 아래 내용은 브라질 마나우스에서 진행되고 있는 '숲 파편화 영향에 대한 장기 연구'를 이끌고 있는 연구자의 글을 요약한 것이다.[52]

숲의 파편화로 일어나는 가장 중요한 결과는 가장자리 증가라는 사실을 생물학자들이 알게 된 것은 최근의 일이다. 가장자리 지역을 선호하는 일부 생물들의 숫자는 가장자리에 해당하는 점이대(ecotone)에서 증가하기는 하지만, 파편화는 대부분의 생물종과 생태적 과정에 부정적인 영향을 일으킨다.

파편화된 경관에서 가장자리 효과는 여러 가지 형태로 나타난다. 습도와 기온 변이와 같은 미기후의 변화가 나타나며, 그 결과 많은 식물과 동물이 영향을 받는다. 가장자리 주변에서 일어나는 난류는 많은 나무를 쓰러지게 하고 숲의 구조를 손상시킨다.[53] 가장자리에는 잡식성의 포식자들이 쉽게 접근하기 때문에, 새가 둥지에서 잡아먹히고 기생충에 감염되는 일이 자주 발생한다. 숲의 하층에서 곤충을 먹는 새나 포유동물, 그리고 다양한 무척추동물은 숲의 가장자리를 회피한다.[54] 꽃가루받이와 씨앗의 전파, 영양소 순환 그리고 탄소 저장 또한 가장자리 효과에 의해서 달라진다.

대부분의 연구에서 가장자리 효과는 숲의 바깥 테두리 부분 150미터 이하의 지역에서 일어나는 것으로 보고되었다.[55] 그러나 호주의 열대림에서는 외부에서 도래한 잡초가 숲의 500미터까지 침입하였으며, 다른 연구에서는 1~5킬로미터 안까지, 심지어는 10킬로미터까지 가장자리 효과가 미치는 것으로 알려졌다.[56]

곰과 늑대, 들개, 하이에나와 같은 대형 포유동물의 생존은 파편화에 의해서 위협을 받는다. 지역의 개체군 밀도와 관계없이 대체로 큰 행동권(home range)을 가지는 동물이 큰 피해를 받는다.[57] 그러한 동물은 가끔 자연 보전 지구의 경계를 벗어나게 되어 사람들에게 죽임을 당하여, 주변 지역은 이들 동물의 소멸처(sink)가 되며, 개체군 크기가 감소되거나 때로는 전체 보전 지구 개체군이 멸종되는 사태로 발전된다. 대형 동물들은 수십~수천 제곱킬로미터의 지역에서 삶을 보내기 때문에[58] 가장자리 효과는 매우 넓은 지역에서 일어날 잠재적 위험성을 가지고 있다. 이러한 대형 동물이 사라지면 보전 지구 생태계에서 먹이그물이 불안정하게 되거나 연쇄적인 멸종이 일어날 수도 있다.

900제곱킬로미터 넓이의 자연 보호 지구도 가장자리 효과가 1~2킬로미터 범위까지 미치게 되면 피해를 받을 수 있다. 만약 5~10킬로미터 안쪽으로 영향력이 파급된다면 5,000제곱킬로미터보다 큰 지역들만 온전한 생태계와 자연 생태 과정을 유지할 수 있다. 수문학적 영향이나 산불이 끼치는 영향력은 더 커질 수도 있다.[5]

정녕 그렇다면 넓이가 500제곱킬로미터도 못 되는 국립공원들로 우리나라의 생물다양성을 제대로 유지할 수 있을지 걱정된다. 생물다양성이 유지되어야 한다면 우리나라는 현재 특별 조치가 필요한 삼천리금수강산의 나라다.

녹색 다리와 띠

예로부터 사람 사회에서 가까운 친족 사이의 결혼은 금지되어 왔다. 그것은 '유전학적으로 근친을 부모로 하는 어린이는 도태될 확률이 높다'는 사실을 경험으로 알고 있었기 때문이다. 동식물도 도태되지 않고 특성을 유지시키기 위해서는 다양한 특성들이 만나 유전자와 학습을 통해서 새로운 기회를 끊임없이 창출해 내야 한다.[6] 그러나 동물의 서식처가 파편화되면서 다른 환경 지역에 살아 다른 특성을 키워 온 짝을 만나기 어려운 상황이 초래되었다. 결국 서식지 파편화는 현존 생물이 살아남는다 하더라도 그곳에 내몰린 생물들의 근친상간을 초래하여 끝내는 망하는 쪽으로 몰아간다.

이제 사람들이 '환경 윤리'를 생각해야 할 때다. 인간의 윤리가 사람과 사람 사이의 좁은 의미의 윤리라면, 환경 윤리는 사람과 자연, 자연과 자연 사이에 지켜져야 할 도리다. 인류 역사의 초기에는 노예 제도라는 이름으로 사람이 사람을 착취했지만 인류의 성숙은 그것을 예방하는 윤리를 발전시켰다. 마찬가지로 여태까지 사람이 환경을 착취하는 문화적 미성숙이 이 땅에 머무르고 있지만, 필경 화목한 길로 가는 것이 인류 문화가 지향하는 바가 될 것이다.[61] 알도 레오폴드의 토지 윤리도 이제는 확장되어야 한다. "땅을 그 이웃과 함께 시간적인 맥락에서 보아야 원만한 환경을 유지할 수 있다."는 경관생태학자의 목소리에도 귀 기울여 볼 필요가 있다.[62]

이런 까닭에 파편화된 서식처를 인위적으로 이어 주려는 노력도 환경 윤리에서 제안하는 도리의 일부다. 그러나 돌보고자 하는 동물의 이동이 어느 정도 규모의 너비와 식생 및 지형 구조를 필요로 하는지 먼저 그 동물의 입장에서 규명해야 한다. 그렇게 하지 않은 채 녹색 띠나 생태 다리의 설치를 서두르는 것은 재정과 인력을 낭비하거나 문제를 오히려 잘못된 방향으로 이끌 소지가 있다. 우리가 보존생태학에서 겨냥하는 대형 생물의 처지에서 보면 주변의 바탕이 자동차 소리와 인적, 불빛, 오염으로 가득한 도시에서 너비가 좁은 생태 다리는 아무런 의미가 없을지도 모른다. 오히려 동물 행동에 대한 이해 없이 설치된 생태 다리는 쥐와 같이 약삭빠르고 해로운 동물들에게나 도움이 되는 이동로를 제공하는 상황을 초래할 수 있다.

그럴듯한 이름에 매료되어 환경부에서는 지리산과 설악산에 생태 다리를 놓겠다는 발표를 한 적이 있다.[63] 또 언젠가는 분당에 있는 공원을 녹색 다리로 연결하겠다는 소식을 신문에서 보았다. 이처럼 환경부와 함께 지방 자치 단체들까지 생태 다리 조성을 인기성 사업 정도로 생각하고 있는 듯싶다. 이런 발상은 '생태계와 생태계 사이의 동물' 이동을 고려하고 있는 점에서 경관생태학의 영역에 속한다.

동물 이동을 위한 통로로서 숲띠의 너비를 연구한 보전생물학자 해리스(Larry Harris)는 세 가지 다른 목적에 따라 적당한 통로의 너비를 권장한다.[61] 1) 개별 동물의 이동을 고려하고, 그 동물들의 행동에 대해서 충분히 알고 있으며, 또 통로 기능이 몇 주 또는 몇 달 정도 발휘될 것을 기대한다면, 적당한 너비는 수십 미터이다. 2) 하나의 생물종 전체의 이동을 고려하고, 그 종에 대한 생물학적 지식이 충분하며, 수년 동안 통로가 동물 이동에 이용되길 바란다면, 너비는 수백 미터가 적당하다. 3) 모든 동물군의 이동을 겨냥하며, 그 생물들에 대한 생물학적 지식이 거의 없는 상태에서 수십 년 또는 수백 년 동안의 동물 이동을 위한 통로라면, 너비가 수천 미터는 되어야 한다.

이러한 미국인의 주장은 우리 실정에 맞지 않는다고 밀쳐놓아도 좋을지 모른다. 그러나 주변 경관 바탕이 미국보다 열악한 경우에는 오히려 그들이 제안하는 통로 너비보다 더 넓어야 소기의 목적을 달성할 수 있으리라는 것을 미루어 짐작할 수 있다. 현실이 그렇지 않은데도 굳이 개념만 전시 행정적으로 내세우는 처사는 또 다른 사대주의일 뿐이다.

생태 다리가 이름에 걸맞기 위해서는 그것을 이용할 것으로 예상되는 동물의 행동을 고려하는 사전 준비가 있어야만 한다. 지리산 시암재와 강원도 구룡령에 국민의 세금을 들여 야생 동물 이동 통로를 만들었다면, 설치비와 유지비가 어느 정도며, 그동안 어떤 동물들이 지나갔는지 공개하고, 세월이 흐르면 어떤 효과를 누릴 수 있을지 전문가들과 함께 검토해야 한다. 지금까지 효과가 없었다고 하더라도 충분히 세월이 흐르면 상황이 달라질 수 있고, 지난 잘못을 고쳐 보완책을 보태면 더 나은 결과를 도모할 수도 있다. 그래야 국민의 세금을 보다 나은 방식으로 이용할 수 있다. ● ● ●

경관은 기억한다[65]

생물의 뇌 안에서 기억은 어떻게 이루어지는가? 마치 컴퓨터처럼 애초부터 기억할 수 있는 용량이 결정되어 있고 새로운 정보는 그 용량의 일부를 사용하면서 이루어지는가? 아니면 컴퓨터 용량을 추가하듯이 새로운 정보가 들어올 때마다 새로운 정보 저장 물질을 만들까?

기억은 생물만이 하는 것인가? 기억을 과거를 반영하거나 잊어버리지 않는 것으로 본다면 사정은 좀 달라진다. 오늘날의 생태계와 경관은 과거에 그 안에서 일어났던 사건들을 간직하고 있다. 그리고 세월이 흐르면 기억은 퇴색된다. 과거의 농경 활동과 벌채와 같은 인간의 활동은 산불이나 폭풍우와 같은 자연 교란과 어떻게 반응하여 영양소 이용 정도와 식물 다양성, 식물의 분포와 같은 경관 유형을 결정하는가? 과거의 토지 이용과 관리는 오늘날의 경관 속에 내장되어 있다. 일제 시대 아니 그 이전의 벌채를 통한 숲의 파편화와 토지 이용은 오늘날 우리가 보고 있는 숲 안에 포함되어 있다.

교란된 숲은 바람에 의해서 씨앗이 전파되는 식물에 대해서는 큰 영향을 주지 않으나, 개미나 새에 의해서 전파되는 식물의 세력을 약화시킬 수 있다.[66] 또한 토양의 영양소 분포와 유기물 함량, 그리고 식물의 다양성이 달라진다. 인간의 주기적인 교란은 소나무나 참나무 숲을 유지시키고, 20세기에 산불을 방지한 곳에서는 단풍이나 너도밤나무, 솔송나무가 많이 나타났다.[67] 그러나 어떤 곳은 여전히 소나무와 참나무가 많아 과거의 기억을 갖고 있는 곳도 보인다.

하천의 저질, 무척추동물 그리고 물고기의 분포와 다양성 또한 과거의 토지 이용 역사를 반영한다. 육지의 벌채와 건설 그리고 홍수로부터 하천의 생물군은 재빨리 회복되기는 하지만, 긴 세월의 농경 활동과 같은 인위적인 교란은 멈춘 지 몇십 년이 지나도 하천이 기억한다.[68] 이러한 현상에 대해서 어떤 사람은 '경관 기억(landscape memory)'이라 하고 어떤 사람은 '과거 토지 이용의 유령(ghost of land-use past)'이라는 말을 쓴다. 이런 까닭에 자연형 하천 복원은 물길을 뜯어고치는 정도로 끝날 문제가 아니라 전체 유역 차원에서 바로 보아야 한다. 유역의 경관이 회복되어야 하천의 생물상이 비로소 되살아날 수 있다.

따라서 물길 자체에만 초점을 맞추는 오늘날의 하천 복원은 크게 칭찬할 일이 못 된다. 간혹 과거의 지도에서 물길을 알아내어 직강화된 수로를 그렇게 바꾸자고 주장하는 분들도 있는데 그것도 결코 칭찬할 일이 아니다. 유역의 토지 이용이 바뀐 상태에서 시간에 따른 하천의 유량이 이미 바뀌었기 때문에 더 이상 물은 옛길을 따라 갈 리가 없다.

'유역 차원에서 하천을 바라보는 사람'과 '하천 안에서 하천을 복원하고자 하는 사람'은 바둑으로 치자면 급수가 다르다. 전자가 고단수라면 후자는 겨우 7~8급 정도라고 할까? 고단수가 바둑판 전체의 맥락을 생각한다면 급수가 낮은 기사는 바둑돌 한 알 한 알에 집착한다는 점에서 그런 비유가 가능하다.

오늘날의 경관생태학은 경관 구조와 기능을 결정하고 있는 '오늘날의 현상' 뿐만 아니라 '과거의 경관'을 읽어 내고, 그 연구 결과를 보전과 관리 전략에 구사하길 희망한다. 그래서 경관생태학은 공간과 시간의 맥락을 중시하는 학문이다. ▨

선조들의 지혜

▲ 불탄 무덤에 짚을 뿌리는 모습(강원도 동해시).[99] 남부 지방에서는 전체 묘지에 짚을 뿌리는 풍습이 있으나, 이곳에서는 의식적인 면을 강하게 보이고 있다고 한다.

전통적으로 우리 조상들은 불탄 무덤에 짚을 뿌리곤 했다. 우리나라에서 부주의로 의한 산불은 대체로 건조한 겨울이나 이른 봄에 난다. 그때는 잔디가 누렇게 색이 바래 있는 시기라서, 짚은 무덤이 까맣게 보이지 않도록 하는 시각적인 효과도 지닌다. 그러나 더 중요한 것은 뿌린 짚이 토양으로부터 수분과 영양소가 유실되는 것을 방지하는 효과를 가지고 있다는 생태적 사실이다. 짚은 불타는 과정에 잃어버린 귀중한 유기물을 토양에 보충하여 복원력을 북돋운다.

뿐만 아니라 짚은 토양 표면을 빗물로부터 보호하고 빗물에 녹아서 이동하는 영양소를 보유할 수 있는 토양의 기능을 증가시킨다.

불탄 지역은 비가 오면 지표가 취약하여 토사가 발생하고 또한 토양에 부착되어 있던 영양소들이 쉽게 씻겨가게 된다. 이때 짚은 빗물이 땅바닥을 때리는 힘을 약화시켜 침식 작용을 위축시킬 수 있다.

짚은 비교적 유기 탄소 함유량이 높은 재질이다(표 13 참조). 이 유기 탄소를 기반으로 토양 미생물들이 왕성하게 활동하여 빗물에 씻겨 가는 영양소를 흡수한다. 표 13에서 미생물의 몸에는 탄소 5~8그램마다 1그램의 질소가 함유되어 있으며, 짚의 경우에는 탄소 100그램에 대해 질소 1그램이 함유되어 있다는 것을 보여 준다. 만약 미생물이 짚으로부터 탄소 100그램을 먹이로 섭취한다면 탄소/질소

표 13 유기 물질의 탄소/질소 비

물질	탄소/질소 비
토양 생물	5~8
토양 유기물	10~12
콩과 식물, 퇴비	20~30
낙엽(넓은잎나무)	30~60
짚*	100
톱밥	400
바늘잎나무 목질부	500

*여기서는 밀짚을 대상으로 했기 때문에 볏짚과 약간의 차이가 있을 것으로 예상된다.

비를 5로 유지하기 위해서 95그램의 탄소를 이산화탄소로 소비하거나, 외부로부터 18그램 정도의 질소를 흡수해야 한다. 그래야 전체 영양 균형이 맞아떨어진다. 이때 미생물들이 부족한 만큼의 질소를 외부로부터 충당하여 간직하기 때문에 다른 곳으로 손실되는 질소의 양은 줄어든다.

이와 비슷한 원리가 제주도에서 빗물을 이용할 때 고려된 것으로 추측할 수 있는 사례가 있다. 제주도 정의면 수산리(현 성읍면 수산리)에서 봉천수를 이용하지 못한 사람들은 춤항에 빗물을 받아 사용했다고 한다. 나무줄기를 타고 흘러내리는 물을 받은 것을 '춤받은 물'이라 한다. 나무(특히, 족낭-때죽나무) 줄기 둘레를 마치 여자들이 머리를 땋듯이 띠로 엮어 매달아 두었는데 이를 '춤'이라 했다. 바로 그 밑에 물을 받아 두는 항아리를 '춤항'이라 부른다. 나뭇잎에 차단된 빗물은 줄기와 춤을 타고 흘러 '춤항'으로 모인다. 이러한 민속은 불과 30년 전까지만 해도 한림읍 비양도나 표선면 성읍리에서

▲ 제주도의 춤과 춤항.[72]

흔히 볼 수 있었으며, 특히 부자집에서는 춤항을 10여 개나 마련하여 물을 채워 두었고, 받은 물은 몇 년씩 묵히기도 했다. 샘물을 길어다가 저장해 두면 여름에는 일주일이면 변질되나, 천수(天水)를 받아서 석 달 이상 묵혀 두면 샘물 이상으로 맑고 물맛이 좋았다고 한다.

고인 물의 질을 알아내기 위해서 개구리 서너 마리를 길러 식수와 썩은 물을 구분하는 경우도 있었다. 개구리와 그것을 잡아먹으려고 모인 뱀 같은 생물이 살아 숨쉬는 물은 썩지 않은 물로 간주할 수 있었다.[70] 개구리가 물을 휘저으면 물이 공기와 반응할 기회가 늘어나고 물에 녹아드는 산소의 양이 증가하기 때문에 물속의 해로운 물질이 분해되는 속도가 촉진된다.

나무 기둥에 건조한 짚이나 띠를 다발로 꼬아서 나무 잎사귀에 떨어진 빗물이 고이도록 하는 춤은 단순히 '빗물을 한곳으로 모으는 역할' 만을 하는 것이 아니다. 빗물이 짚으로 만들어진 거름 장치를 통과하도록 함으로써 '빗물을 정화시키는 역할' 을 겸하도록 고안된 것이라 생각할 수 있다.[71] 이는 앞서 본 바와 같이 그런 물질에 유기 탄소 함유량이 비교적 많기 때문이다. 그것을 에너지원으로 활용하며 사는 미생물이 질소를 포함하는 영양 원소를 흡수하고, 유해한 물질을 분해할 수 있는 기능을 가진다.

이처럼 춤의 재료인 짚이나 띠는 빗물에 포함되어 있는 물질들의 미생물에 의한 흡수와 분해를 어느 정도 유도할 수 있다. 과연 제주도 사람들이 춤을 만드는 데 여러 가지 재료를 사용해 본 다음 짚으로 만들었을 때 가장 깨끗한 물을 확보할 수 있다는 사실을 확인했는지 알 수는 없지만, 춤의 재료인 짚의 탄소와 질소의 함유비가 높은 점을 고려할 때 춤은 빗물을 정화시킬 수 있는 메커니즘을 내포하고 있음에 틀림없다. 그러나 춤에 영양소와 오염 물질이 누적되고 미생물의 활동이 어느 정도 늘어나면, 흡착, 흡수 또는 분해로 생기는 정화 능력은 당연히 떨어지게 마련이다. 따라서 제주도 사람들이 낡은 촘을 새로운 촘으로 교환하는 시기를 어떻게 알아내고 실행했는지 궁금하다.

우리 조상들은 이렇게 산불이 난 지역에 뿌린 짚으로 필요한 에너지를 충분히 공급하여 미생물에 의한 영양소 흡수를 도모했다. 그리고 짚이나 띠로 만든 촘으로 빗물을 모으고 미생물을 이용하여 수질을 정화하는 지혜를 가졌다. ● ● ●

콩과 식물을 이용한 생태공학

▲ 모내기 전 논에 핀 자운영.[75]

경상도와 전라도 남녘 지방에는 모내기를 하기 전 논에 자운영을 심기도 했다.[73] 20년 전에는 가을이면 논에 씨앗을 뿌려서 모내기 전에 꽃이 일제히 피어 아름다운 경관 요소를 선보이기도 했다. 이것은 화학 비료와 제초제를 많이 쓰면서부터 차츰 사라져 한동안 거의 볼 수 없게 되었지만, 논두렁이나 길가, 늪지 주변, 호수 주변 같은 곳에 퍼져 있다. 최근 전라도 지방에서는 자운영 재배를 장려하여 5월이면 아름다운 모습을 다시 구경할 수 있다.

자운영은 잎이 부드럽고 연한 향기가 있어 가축의 꼴로 이용되기도 했다. 토끼, 염소, 소 같은 가축은 자운영을 잘 먹는다. 꽃이 필 무렵에도 잎이 부드러워 사람들이 먹을 수도 있다. 잎이 작고 귀여워서 음식으로 만들면 보기에도 좋다. 날것을 참기름으로 무쳐 먹어도 좋고, 살짝 데쳐 풀 냄새를 없앤 다음 초장이나 된장에 버무려 먹기도 했다. 특히 이른 봄철이나 겨울철에 먹으면 부족하기 쉬운 갖가지 비타민과 미네랄을 충분히 보충할 수 있으며 약초로도 사용된다.[74]

자운영은 추위에 약해서 중북부 지방에는 자라지 않고 남부 지방에만 자란다. 땅을 기름지게 하는 까닭에 중국에서 녹비 작물로 들여와

146

재배하던 식물이다. 공기 중에 있는 기체 상태의 질소를 고정하여 식물이 이용할 수 있는 형태로 바꾸는 역할을 하는 뿌리혹박테리아와 공생한다. 무성하게 자랐을 때 쟁기로 흙을 갈아엎으면, 물기가 많고 질소 함유량이 많아 분해가 빨리 일어나서 훌륭한 퇴비로 바뀐다.

전남 함평군에서는 지난 1999년부터 매년 2,000헥타르 규모에 자운영을 파종하고 대외적으로 홍보를 하며 '자운영 나물 캐기 행사'를 개최하는데, 주민은 물론 인근 지역 사람들까지 와서 바구니 가득 나물을 캐 갈 정도로 인기가 높다고 한다. 화학 비료 사용을 줄일 수 있고 비료 절감의 효과가 일반 작물 재배에 비해 50퍼센트나 된다고 한다. 또한 병해충이 줄어들어 농약도 거의 사용하지 않게 됨으로써 농산물 생산비를 절감할 수 있고, 밀원 식물 역할을 하여 농민과 양봉가들에게 많은 도움이 되고 있다.

이처럼 자운영과 함께 논둑에 심었던 콩도 공생 관계를 통해서 땅에 질소를 공급한다. 자운영과 논둑 콩의 재배는 질소의 생지화학적 순환을 이용한 생태공학의 한 방식이다.[76] 흔히 유전공학에서는 효소에 관여하는 유전자를 조작하여 토양의 질소 고정을 증가시킬 방식을 찾는다. 그러나 그런 기술이 없던 옛날에는 기존의 재배 식물을 이용하는 생태공학적인 방식으로 토양의 질소 이용도를 높였으며, 이 접근은 유전공학과 달리 생태학적 원리를 이용하고, 자연의 질소 순환 과정에 대한 인위적인 간섭을 최소화하는 태도를 견지했다. 그러나 자운영과 논둑의 콩이 경작지에 어느 정도 질소를 공급했는지 밝혀 주는 학문적인 자료는 아직 충분하지 않은 듯하다.

자운영 재배가 시간적인 차이를 두고 경관 요소를 활용함으로써 토양에 질소를 공급했던 반면에, 논둑 콩 재배는 공간적인 구분 배치로 토양에 질소 공급을 도모한 점에서 차별성이 있다. 콩과 뿌리혹박테리아에 의해서 고정된 질소의 일부는 논둑이 논바닥보다 상대적으로 높기 때문에 물의 흐름에 따라 자연히 아래로 흐르게 되어 논으로 공급된다. 표 13을 보면 탄소/질소의 비가 콩과 식물에서는 20~30이며, 짚의 경우는 대략 100 정도이다. 이는 무게가 같을 경우 질소 함유량이 콩과 식물에서 짚보다 3~4배가량 높다는 뜻이다. 무릇 물질은 농도가 높은 곳에서 낮은 곳으로 확산되기 마련이라, 콩과 논둑에서 질소가 논바닥의 토양으로 이동할 수 있다.

두레생태연구소 김재일 소장은 논둑 콩과 관련하여 다음과 같은 말씀을 들려주었다.

"논둑 콩을 언제부터 심기 시작했는지에 대해서는 깊이 알고 있지는 못합니다. 다만 제가 어릴 때 농촌에 살면서 들은 바로는, '일제 치하 때 논둑 콩에 대해서 일제가 세금을 물리지 않아서 많이 심게 되었다'고 들었습니다. 또 옛날에 소작하는 이들이 논둑에 콩을 즐겨 심었는데, 논둑 콩 수확에 대해서는 지주가 간섭을 하지 않았다고 합니다. 예로부터 밭 콩은 주인 몫이지만, 논둑 콩은 머슴이나 소작농의 몫이었다고 합니다. 그리고 콩은 자운영과 마찬가지로 질소를 많이 함유하고 있는 퇴비이자, 가축들의 좋은 사료였습니다. 콩 잎으로는 반찬을 하고, 콩깍지는 사료로 하고, 타작을 하고 남은 졸갱이는 땔감으로도 좋고……."

우리가 경관 수준에서 우리의 전통적인 시골 풍경을 내려다보면 뒷산의 숲과 마을, 농경지라는 조각들로 이루어진 하나의 묶음을 인식할 수 있다.[77] 농경지라는 조각을 좀 더 자세히 들여다보면 물론 논과 밭으로 나누어질 수 있고, 논을 좀 더 가까이 가서 보면 벼가 자라는 땅과 논둑이 번갈아 가며 나타난다. 이때 논둑에 콩이 심어져 있으면 그곳의 질소 함유량이 상대적으로 높기 때문에 질소 공급

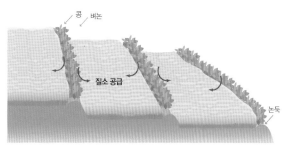

콩 벼논

질소 공급

논둑

처가 될 수 있다. 이러한 공간적인 배치는 질소를 공급할 뿐만 아니라, 질소를 선호하는 생물들의 공급원도 되기 마련이다. 이러한 결과 농경 생태계에 부정적인 영향을 초래하기도 한다. 곤충생태학자 이준호 교수는 이런 지적을 해 주었다.

"콩에 서식하는 노린재들이 벼에 침입해서 이삭에 가해하는 빈도가 크게 늘고 있지요. 이런 노린재들은 우리나라의 온난화 현상과도 무관치 않은 것으로 추정되고 있습니다. 일본에서도 근래 노린재류가 벼에서 문제가 되고 있지요."

이 사실로부터 노린재가 벼멸구 등의 다른 해충에 비해 탄소/질소 비가 낮은 식물 먹이를 더 선호하리라는 사실을 추측할 수 있다. 따라서 논둑에서 질소 함유량이 높은 콩을 기반으로 증식을 하여 벼가 자라는 공간으로 전파되는 것과 같이 경관 안에서 일어나는 이런 부정적인 흐름은 토양의 질소 과잉 현상에서 비롯되는 것으로 짐작된다. 이미 경작지에 화학 비료를 많이 공급했는데 이제는 화석 연료의 대량 소비로 인해 대기의 질소 화합물 농도가 높아지고 그것들이 땅위로 떨어지는 질소 침적(nitrogen deposition)까지 곁들여지면서 문제가 커지고 있다. ● ● ●

▲ 논둑에 자라는 콩[주]과 논둑에서 고정된 질소가 논으로 이동하는 과정.

중국 내몽골 지역의 사막화

지난 10년 가까이 동북아시아 지역의 토지 이용 변화와 환경 문제 사이에 놓여 있는 관계를 연구하고 정보를 교환하는 자그마한 모임에 참여하고 있다. 우리는 그 모임을 '온대 동아시아 지역의 토지 이용'이라는 뜻으로 루티(LUTEA: Land Use in Temperate East Asia)라 부른다.

그 모임에는 중국과 몽골, 일본, 미국, 유럽, 러시아 학자들이 주로 참여하고 있다. 모임을 주관하는 친구와 미국생태학회에서 만난 인연으로 동참하게 되어 몽골, 일본, 중국, 미국 등지에서 여러 차례 발표회를 가졌다.

모임에 참여하면서 특별히 부러운 것은 수많은 일본학자들이 중국과 몽골을 연구하는 모습이다. 그들의 말에 의하면 외국에 대한 연구를 하면 연구비 받기가 오히려 수월하단다. 아직까지 우리나라에서는 외국 생태계에 대한 연구를 장려하는 그런 분위기를 크게 느껴보지 못했다. 설혹 그렇다 하더라도 생물학 한 귀퉁이에 끼여 구실을 제대로 하지 못하며 열악해진 우리의 생태학 수준을 고려하면, 하루아침에 인력 뒷받침이 될 것 같지도 않다.

불행하게도 나는 한국 학자가 중국이나 동남아시아의 연구 결과를 발표하는 모습을 본 적이 거의 없다. 건실한 생태학자조차 우리나라 전체의 생태 지역 구분을 위한 연구를 하면서 남한 지역만 다루는 모습을 고수하여 나를 안타깝게 한다.

북한 지역을 함께 연구하는 풍토가 먼저 조성되어야 통일이 앞당겨질 것이고, 그래야 실제로 통일이 되었을 때 덜 허둥댈 것이며, 저 만주 지역까지 고려해야 우리 땅의 위치를 제대로 알 수 있을 터인데 말이다.

▶ 내몽골 지방의 양떼들.⁷⁾

이와 달리 많은 일본 생태학자들의 발표를 들어 보면 자기 나라뿐만 아니라 중국과 동남아시아, 세계 지도가 많이 등장한다. 요즈음은 알래스카와 티베트 지역에도 현지 연구소를 설치하고 생태계와 기상 연구를 진행하고 있다. 일본 사람들은 이미 수십 년 동안 외국에 대한 정보를 모으다 보니 나라 주변의 맥락을 함께 보는 시각을 가졌다. 연구비로 현지인과 인연을 맺으니, 뜻밖의 정보도 얻게 되고 친밀한 관계를 이루어 문화적, 상업적 교류도 수월하게 된다.

이렇게 하여 폭넓은 연구와 시각을 바탕으로 가꾸는 나라는 긴 세월이 흐르면 그 땅의 모습이 뭔가 달라도 달라지지 않겠는가? 그러면 그 땅속과 위를 흐르는 경관 기능도 당연히 달라질 것이다. 경관 구조와 기능의 변화, 그것이 바로 환경 변화가 아니고 무엇이겠는가?

학술 정책-학자들의 연구 영역-연구 자료-토지 이용 정책-경관 구조-환경 변화라는 연결 고리를 생각해 볼 수 있다.

중국 학자들의 말에 의하면 중국 북부 지역에서 일어나고 있는 사막화의 원인이 되는 초지 훼손은 사유 재산을 인정한 일과 매우 밀접한 관계가 있다고 한다. 사유 재산이 인정되면서 저마다 많은 양과 염소를 기르게 되었고, 늘어난 가축은 초지를 과도하게 뜯어 먹었다. 자연적으로 회복되는 속도보다 초식 동물이 먹어 치우는 속도가 빠르니 초지는 줄어들고 사막은 늘어나게 된단다. 환경학자들에게 비교적 익숙한 '공유지의 비극(The tradegy of the commons)'이라는 말이 어느 정도 일리가 있는 모양이다.

이렇게 중국 내몽골 지역의 사막화는 사회 제

◀ 사막화 지역 복원 현장.[30] 철조망 안은 3년가량 가축의 접근을 방지하고 비행기로 씨를 뿌려 복원한 모습으로 바깥 지역과 판이하게 다른 모습을 보인다.

도-인간의 행동-동물 생태-식물 생태-지형과 토양 변화-기후 변화라는 고리로 이어진다.

토지 이용과 환경 변화는 그것 자체가 밀접한 관계를 가진다. 뿐만 아니라 과학 정책이나 사회 제도도 사람, 눈에 보이지 않는 정보와 에너지, 그리고 물질의 흐름을 매개로 연결되어 있다. 이러한 연결 고리를 찾는 일은 경관생태학이 하고자 하는 학문 방향이다. 이는 갈가리 나누어진 오늘날 학문 세계에서 하나의 분야가 감당할 수 있는 일이 아니다. 그러기에 어떤 이는 경관생태학을 '초월학제적 학문(transdisciplinary science)' 이라 했다. 🔲

삶으로 가는 생태학 8

길게 끌어 온 얘기를 이렇게 맺는다. 쓰임과 관념적인 부분을 나누어 모았다. 아내는 두 마리 토끼를 잡으려 한다고 꼬집었지만 시작부터 그러했으니 이제는 달리 뾰족한 수가 없다. 굵은 틀 속으로 녹여 놓지 못해 아쉽지만 다음 꿈을 꾸며, 찔러 오는 날카로움을 받아들일 준비나 해야겠다.

환경 관리를 위한 묶음

여기에는 실용성을 중심으로 지금까지 나온 얘기들을 요약하고 떨어져 있는 내용을 엮어 보았다. 글쓴이의 성향 때문에 모든 환경 문제를 포괄하지 못하고 수자원 관리를 중심으로 얘기를 풀 수밖에 없었다. 물 자체보다 땅의 생태에 기울여진 것도 아쉽지만 더욱 굵은 틀을 잡는 일은 숙제로 남겨 놓았다.

수자원 관리는 '내용물 관리(content management)'와 '용기 관리(container management)'로 나누어 생각할 수 있다. '내용물 관리'란 수량과 수질을 유지하기 위해서 물 자체를 조절하는 방법이며, '용기 관리'란 물이 담기는 수로 주변과 유역의 토지 이용 조절로 수자원 관리를 도모하는 방법이다. 이를테면 오수의 공학적 처리는 내용물 관리이며, 수변과 유역의 생태적 특성을 고려하는 비점오염원의 감소 방안은 용기 관리의 대표적인 보기이다.

새 술은 새 부대에 담아야 하듯이 용기 관리를 제대로 하지 않으면 내용물 관리는 헛수고다. 따라서 하천 관리는 물길이 닿는 수변과 유역의 토지 이용 관리로 접근하지 않으면 소기의 목적을 달성할 수 없다. 이러한 용기 관리에서는 수변과 유역의 수문학적, 생지화학적 과정을 십분 고려해야 한다. 어떤 의미에서 용기 관리는 물이 흐르는 맥락을 살피는 것이기 때문에 '맥락 관리(contextmanage ment)'라고 할 수 있으며, 물 자체보다 땅에서 일어나는 행위를 관리한다는 측면에서 '땅의 관리'이다. 반면에 내용물 관리는 물 안에서 일어나는 과정들을 다스린다는 측면에서 좁은 의미의 '물의 관리'라고 부를 수 있다.

땅의 관리

지금까지 소개된 내용을 고려하건대 하천 수질 관리에서 물가의 위치는 독특하다. 이제 흐르는 물이 강가에서 적당히 머물도록 유도하여, 물질을 받고 변환하는 역동적인 기능을 활용해야 할 이유가 충분히 있다. 어디든 젊은 힘을 억누르면 결국 갈등이 생긴다. 따라서 남아도는 젊은이의 힘을 건전한 방향으로 이끌어 주는 것이 선도의 원칙이듯 역동적 지역의 힘을 유역의 다른 성숙한 계와 물리적·생물적 과정으로 연결시켜 주는 것이 바람직한 환경 설계의 목표가 되어야 한다.

① 유역 맥락에서 하천과 식생 지대를 바라보자

육상 생태계에서 일어나는 모든 과정은 반드시 수변 지역을 거쳐서 하천으로 흘러든다. 더구나 유역 안에서 일어나는 모든 행위 또는 토지 이용에 따른 영향이 물에 용해되어 하천으로 집약된다는 사실은 하천 관리의 기본적인 제약 조건이다. 따라서 하천은 통로를 따라 흐르고 있는 물 그 자체가 아니라 이웃한 수변 습지와 함께 그것이 속하는 전체 유역에 의해서 조망되어야 한다.

유역에서 토지 이용의 배치는 유역 전체의 영양소 보유력에 중대한 영향을 줄 수 있다. 당연히 전체가 숲으로 이루어진 유역의 수질이 좋다. 만약 어떤 유역 하나가 온통 도시 지역으로 가득 찬

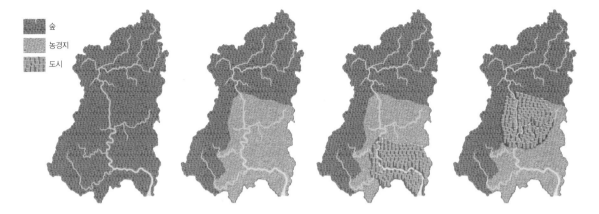

▲ 유역의 하천 주변에 가상 배치해 본 대조적인 토지 이용.[2]

다면 그곳의 수질은 당연히 고약해진다. 그런 중에도 그곳을 살 만한 환경으로 만들려면 엄청난 인력과 재력, 에너지를 투자해야 할 것이다. 그러므로 전 유역의 도시화는 환경 친화적 발상의 결과물일 수 없다.

이제 유역 단위로 토지 이용 유형들을 적절히 안배하는 계획과 설계가 필요하다. 나아가 어느 정도 규모의 유역 단위로 토지 이용 계획을 하는 것이 환경의 질 유지에 효과적인지 검토하고, 그 결과를 기반으로 하는 유역 단위의 지역 지구제 도입이 필요하다. 올바른 하천 관리는 하천에 이웃하는 유역의 자연적·문화적 과정을 모두 고려하고 특히 하천의 물과 직접 반응하고 있는 수변 지역의 생태적 특징들에 바탕을 두어야 한다.[1]

② 강변에 나무를 심고 풀을 가꾸자

힘이 넘치는 대상을 어떻게 누그러뜨릴 것인가? 힘을 흡수해 줄 이웃이 있어야 한다. 그러므로 유역 안에서 젊은 속성을 가진 하천 주변의 자투리땅 관리에는 역동적인 젊은 속성을 억누르는 인공적인 이용과 지나친 토목 공사보다 생물학적 원리를 최대한 활용하는 방

안을 권유한다. 나긋나긋한 식물이 바로 역동적인 힘을 흡수하고 달래 줄 희망이다.

따라서 식목일에는 하천 둑을 따라 식수를 하도록 독려해야 한다. 미국과 유럽의 물가는 거의 모두 숲으로 되어 있다는 사실을 상기할 필요가 있다. 앞서 밝힌 바와 같이 물가의 나무들은 강으로 몰려드는 오염 물질들을 걸러 주는 역할과 함께 매우 중요한 하천 정화 기능을 가지고 있다. 어린 시절, 여름날의 그늘과 가을날의 팽나무 열매로 하교 길을 더디게 하던 곳도 작은 도랑 가의 숲이었음을 기억한다. 이제 숲을 깎아 개발하는 토지 이용 면적에 비례하여 일정 길이의 물가를 숲으로 가꾸는 의무를 부여할 필요가 있다.

더구나 더 이상 산에 나무 심을 곳이 없는데도 식목일 행사를 해야 하는 상황에 이르니, 심지 말아야 할 곳에 나무를 심고 있는 경우를 흔히 볼 수 있다. 이를테면 참나무 아래 잣나무는 살기 어려움에도 불구하고 우리나라 숲에는 식목일에 심은 잣나무가 참나무 아래 버젓이 존재한다. 이제 식목일 행사를 하천 제방으로 이끌자.

③ 작은 물길이 흐르는 곳만이라도 녹화하자

작은 물길이 흐르는 곳만이라도 식생 지대로 남기고 또 이들을 서로 연결시켜 주면, 지표 유출와 함께 흘러드는 영양소들을 걸러 주고, 생물의 은신처를 제공할 것이다. 이곳의 녹화는 실개천의 수질뿐만 아니라 수량 유지에도 공헌한다. 더구나 실개천의 빠른 흐름을 저지시키고, 침투수를 증가시켜 큰 강의 홍수를 예방할 수 있다.

하지만 지금의 유역 토지 이용은 실개천의 물의 흐름을 빠르게 하여 큰 강의 홍수를 도모하는 모습이다. 거기에 '큰 것에 대한 강박 관념'이 합세하여 대규모 공사와 댐으로 악순환을 조장하고 있다. 결과적으로 한강을 위시한 모든 큰 강변을 식물 대신 시멘트로 덮어 더욱 물길을 빠르게만 하고 오염 물질의 자정 작용을 빼앗아, 필경 서해가 파산을 선고하는 지경으로 내몰았다.

지금의 우리 수자원 체계는 파산 직전의 회사 꼴이다. 말단 직원이 시원찮으면 담당 과장이라도 제대로 보충해 주면 좋으련만 그러하지 못하니 이사와 부장이 허둥대는 상황이다. 사실은 그것보다 더 곤란하고 불행한 처지다. 회사에서는 사장이라도 정신을 차리면 일어설 수 있다. 그러나 서해가 모든 강의 오염 물질을 너른 아량으로 받아 준다고 해도 그 효과가 큰 강으로 샛강으로 거슬러 올라갈 수는 없다.

도시의 작은 물길에 있는 풀밭이나 숲은 도로에 깔려 있는 오염 물질들이 물에 씻겨 갈 때 정화할 수 있는 기능을 가지고 있다. 뿐만 아니라 지하수가 고갈되는 상황에서 도시 유출수가 숲과 풀밭을 지나게 되면 지하수 충원에 공헌할 수 있다. '식생 완충대'에서 살펴본 바와 같이 토양 유기물이 풍부한 풀밭과 숲에서 침투수 양이 많다는 것을 알고 있음에도 불구하고 도시의 녹지를 침투수 증가에 활용하는 사례는 드물다. 오히려 습관적으로 길가를 높여 물길이 녹지를 스쳐 가는 기회를 막고 있다.

이제 도시에 잔재하는 녹지를 도로나 우리의 생활공간보다 낮추는 방안을 도시 계획에서 적극적으로 고려하자. 그리하여 더욱 많은 도로의 지표 유출수가 식생 지대를 통과하도록 하면 미생물과 동물, 식물에 의해서 정화되고 또 지하수로 침투되는 양도 증가할 것이다.

▲ 도로 턱을 낮추면 남아 있는 숲 조각으로 물길을 돌릴 수 있다.[5] 사진에서는 도로 턱이 높기 때문에 차도의 빗물은 숲으로 들어가지 못하고 하수구로 빠져나가도록 되어 있다.

그렇다고 모든 지역에 이런 제안이 적용되는 것이 아님을 유의하자. 이를테면 지나치게 영양소와 다른 오염 물질 함량이 많은 지표 유출수를 작은 숲 조각으로 이끄는 것은 위험하다. 숲 조각도 먹고 남는 양은 어쩔 수 없이 내버려 두는 것은 자연의 이치이다. 그 남는 양은 오히려 지하수를 위험에 빠뜨릴 염려도 있다. 그러기에 유입수를 감당할 수 있는 충분한 식생 완충대 면적을 확보하는 것이 우선되어야 한다.

④ 강터의 습지와 식생 완충대의 효과적인 이용을 도모하자

인가에서 시작되는 지극히 작은 하수구는 필경 개울로 이어진다. 개울은 좀 더 큰 도랑으로 모이고, 도랑은 다시 큰 강을 이룬다. 이와 같은 크고 작은 수로 주변에는 앞서 말한 식생 완충대를 비치하여 물의 자정 작용을 최대한 도움으로써 수질 개선을 도모할 수 있다. 아래 그림에서 보는 것처럼 미국에서는 식생 완충대의 효과적인 이용을 위해 나름대로 설계 기준을 제시하고 있다.[6]

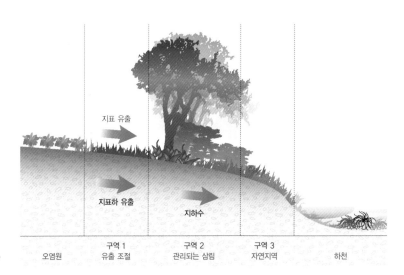

지표 유출				
지표하 유출				
		지하수		
오염원	구역 1 유출 조절	구역 2 관리되는 삼림	구역 3 자연지역	하천

▶ 식생 완충대의 위치와 제안된 유형.[6]

구역 1은 오염원과 인접한 지대이다. 여기서는 육상으로부터 지표 유출수에 실려 떠내려가는 부유 물질을 포착하고 한곳으로 몰려 힘이 생기는 물의 흐름을 흩트리는 것이 주요 목적이다. 이곳은 잔디와 같은 초본 식물로 표면의 거칠기를 한껏 북돋우어 지표 유출수의 흐름을 최대한 저지함으로써 부유 물질의 침전을 도모하는 한편, 깊고 무성한 수염뿌리로 표면 가까이 지하를 따라 흐르는 물에 포함된 영양소와 물질을 흡수 분해하도록 한다. 키가 작다 하더라도 물의 흐름보다 높고 흐름의 세기에 저항할 수 있는 촘촘한 식물이 적당하며, 가축의 먹이가 될 수 있으면 더욱 바람직하다. 이 지역의 폭은 '최소한 6미터 이상'이 되는 것이 효과적이라 한다.

구역 2는 구역 1에 이웃하여 하천으로부터 5~15미터 너비로 마련한 큰키나무 지대이다. 여기서는 긴 뿌리의 식물이 지하수로부터 영양소를 흡수하며, 지역 1을 통과한 부유 물질과, 침수될 때 강의 상류로부터 떠내려 오는 부유 물질을 잡는 기능을 한다. 또한 식물과 미생물의 흡수 그리고 탈질 작용으로 영양소의 제거가 왕성하게 일어나는 곳이다. 물론 이 지역의 토양 수분은 거의 포화 상태에 있고, 우기에는 물에 침수되기도 하기 때문에 생리적으로 수분을 좋아하고, 뿌리 체계가 크고 길게 뻗어 빨리 자라는 식물이 적당하다. 이를 테면 우리나라 강가에서 볼 수 있는 왕버들과 포플러, 오리나무, 물 푸레나무 등이 적절한 수종으로 추측된다.

구역 3은 제방을 보호하고, 영양소를 포착 제거하며, 하천을 이루는 수계의 물리화학적·생물적 환경을 조절한다. 침수에 견디어 내고, 나긋나긋하여 홍수의 흐름을 크게 저지하지 않는 달뿌리풀이나 갈대 등의 초본 식물과 갯버들과 같은 떨기나무가 자라도록 한다. 이들 군락은 가을에 구역 2로부터 떨어지는 낙엽을 포착하여 보유하며, 나뭇등걸들을 보탠다. 그렇게 쌓인 낙엽과 나뭇등걸은 물벌레들의 먹이가 되고, 물벌레를 먹고 사는 물고기에게 먹이뿐만 아니라 서식처를 제공한다. 결과적으로 낙엽과 나뭇등걸은 벌레와 물고기를 먹는 새와 산짐승들로 연결되는 건전한 먹이그물의 기반이 된다. 다양한 하천의 먹이그물을 보존하고 복원하는 데 낙엽의 공급이 필수적이라는 최근의 연구 결과는 이러한 제안을 뒷받침한다.[7]

주변 환경 조건에 따라 구역 2와 3은 위치가 바뀌거나 복합되는 것이 바람직할 경우도 있다. 많은 경우 물이 맑은 상류에서는 낙엽이 물벌레와 물고기의 먹이 자원이 될 수 있는 반면에, 하류 하천에서는 산소를 소모하는 오염 물질이 될 수 있다. 하폭이 좁고, 물살이 빠르며, 무성한 임관(canopy)에 햇빛이 차단되어 물가에 이르기 어려운 상류 지역에서는 큰키나무와 떨기나무의 혼재가 불가피할 경우도 있다. 반면에 하폭이 넓은 하류에서는 물가에 떨기나무 지대를 형성하여 수변 식생대에서 생산되는 낙엽이 강물로 유입되는 것을 최소화하는 설계가 더 유용할 수 있다.

미국의 연구에서는 수변 습지에서 탈질 작용이 왕성하게 일어나는 것을 고려하면 경작지와 수변 습지 사이의 완충대 너비가 50미터 가량이 적당하고, 20미터 정도면 질산염 제거에 충분하다는 연구 결과들도 있다. 반면에 땅이 좁은 우리나라에서는 식생 완충대가 그다지 매력적인 발상이 아닐지도 모른다. 그러나 물가의 식생대가 수질을 개선하고 생물다양성을 보호하는 이상 우리나라 실정에 맞게 이용할 수 있는 방식을 탐구해야 한다.

아울러 수변이나 습지가 아닌 숲띠를 이용하면 경관 내에서 이동되는 영양 물질의 농도를 감소시킬 수 있는 충분한 조건을 만들 수도 있다. 이를테면 오리나무, 사시나무, 물푸레나무, 가문비나무 등으로 이루어진 40~90미터 너비의 숲띠가 경작지와 호수 사이에 존재하는 경우 통과하는 물의 질산성 질소의 농도를 감소시키고, 경우에 따라 암모니아성 질소와 인의 농도를 크게 감소시킨다고 한다. 몇몇 연구는 경작지를 떠나 60미터가량의 숲띠를 통과한 지하수에서 질산성 질소의 감소는 두드러졌고 인의 감소 또한 거의 모든 경우에 나타났다. 심지어 10미터 너비의 오리나무와 갯버들류의 식생대가 지하를 통해 하천으로 흘러드는 물에 포함된 대부분의 인을 흡수하고 질소와 납, 카드뮴 같은 물질은 반 이상 줄었다는 보고도 있다.[8]

생물다양성 보호 지역이 아니라면 강변의 식생 완충대는 천이가 극상 상태로 이르기 전에 주기적으로 솎아베기를 하여 목재 생산을 도모하는 것이 바람직하다. 이러한 관리는 지대의 젊음을 유지하여 왕성한 나무의 성장과 영양소 흡수를 촉진함으로써 수질 보호에도 공헌한다.

이웃 지역으로부터 많은 양의 영양소가 물가의 식생 지대로 유입

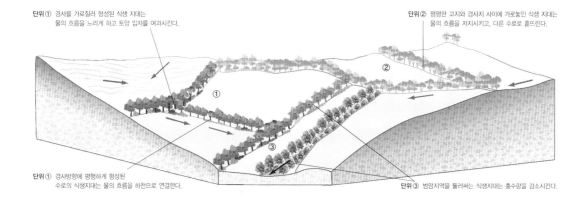

단위① 경사를 가로질러 형성된 식생 지대는 물의 흐름을 느리게 하고 토양 입자를 여과시킨다.

단위② 평평한 고지와 경사지 사이에 가로놓인 식생 지대는 물의 흐름을 저지시키고, 다른 수로로 흩뜨린다.

단위① 경사방향에 평행하게 형성된 수로의 식생지대는 물의 흐름을 하천으로 연결한다.

단위③ 범람지역을 둘러싸는 식생지대는 홍수량을 감소시킨다.

▲ 지형과 물길을 고려한 식생 지대의 배치.

되면 상대적으로 유기 탄소가 부족하게 되고, 그 결과 미생물에 의한 영양소 흡수와 탈질 작용에 의한 질소 제거가 느려진다.[9] 이 경우에는 식생 완충대에 톱밥이나 죽은 나뭇가지같이 유기 탄소를 많이 포함하고 있는 물질을 첨가하여 미생물 활동을 도울 필요가 있다. 앞서 3부에서 언급한 바와 같이 유기 탄소가 풍부하면 미생물들은 영양소 균형을 이루기 위해서 외부 환경으로부터 질소나 인 등의 필수 영양소들을 왕성하게 흡수할 수 있다.

⑤ 동물을 생각하고 이용하자

식생 지대는 영양소가 포화되면 보유력이 떨어질 뿐만 아니라 앞서 '식생 완충대'에서 살펴본 바와 같이 부유 물질을 잡기는 하지만 물에 쉽게 녹는 형태의 영양소를 생산하는 경향이 있다. 이러한 영양소는 수계로 유입되면 일차생산자인 조류에 쉽게 흡수되어 물꽃 현상[10]을 유발하는 경향이 있기 때문에 가능하면 식생 지대 아래에 작은 습지를 만들어 물이 머무르는 시간을 연장시키는 것이 바람직하다. 그 습지에서 영양소들은 조류, 수초류, 미생물에 흡수되어 보다 정화된 물이 큰 호수나 강으로 합류될 수 있다.[11]

그러나 생산성이 높은 강터의 습지와 식생 완충대라고 해서 들어

오는 물질을 무한정 잡아 줄 수 없다. 잔칫날 잔뜩 먹어 배가 부른 아이는 맛있는 음식이 있어도 바라보기만 해야 하듯이, 세월이 흘러 한계에 다다르면 강터 또한 어쩔 수 없다. 수변으로 들어오는 양만큼 나가는 꼴이니 이것을 정상 상태라고 한다. 그러나 그렇게 쌓인 영양소를 다른 곳으로 퍼내면 채워질 여지가 생긴다. 퍼내는 것도 일이기에 에너지가 들어간다. 이것을 인위적으로 하자면 화석 연료나 원자력 에너지를 사용해야 한다는 뜻이다. 따라서 태양 에너지의 도움을 받을 궁리를 해 볼 수 있다. 식물이 태양 에너지를 이용하여 광합성을 하고 그 식물을 먹는 동물을 이용하면 자연적인 힘으로 물가의 생태계가 영양소를 받을 수 있는 능력을 지속시킬 수 있다. 이렇게 되면 습지와 식생 완충대는 영양소를 소비하는 장소이면서 생물을 생산하는 장소로 간주될 수 있다. 자연에서 식생 지대는 공급받은 영양소를 기반으로 식물과 동물, 미생물을 양육하는 생물의 생성원이다.

한편 강터나 습지에서 생산된 생물은 선택의 여지가 있다면 생활사를 물에서 완성하는 것보다 육상으로 이동하여 마감하는 것이 유리하다.

물이나 물가에서 먹이를 취하고 뭍으로 올라와 밤을 보내는 생물들을 상상해 보라. 물가에서 갯버들 꽃가루를 먹는 박새와 붉은머리오목눈이가 나중에 숲에 잠자리를 틀고 배설하는 모습을 상상해 보라. 얕은 물에서 개구리를 먹은 중대백로도 소나무 숲에 가서 밤을 보낸다. 그들은 휴식하는 동안 배설물을 땅에다 뿌림으로써 물에 있던 영양소를 퍼 올리는 역할을 한다. 그러면 어떤 환경이 야생 동물의 안식처가 되는 것일까? 아마도 물리적, 화학적, 생물학적으로 변화가 적어 시끄럽지 않고, 안정된 곳일 것이다. 그런 요건을 갖춘 곳은 어딘가? 바로 성숙한 숲이다. 다음에 나오는 그림과 같이 강 가까운 곳에 성숙한 소나무 숲이 있는 경우를 생각해 보자. 농경지나 목장에서 흘러든 영양소들은 강턱 습지의 식물들에 의해서 흡수되고, 그 식물들은 강턱을 기웃거리는 동물들의 먹이가 된다. 먹이를 취한 동물들은 이웃의 조용한 숲으로 찾아들어 잠자리를 마련하고, 그곳에서 배설한다. 성숙한 숲 또한 몸무게가 늘지 않는 어른처럼 들어온 만큼 내놓아야 하니 비가 오면 배설물은 씻겨서 주변 농경지로 간다. 이 과정에서 영양소는 수자원을 부영양화하는 대신 긴 순환 과정을 거쳐서 재활용된다.

제5부에서 논의되었던 내용을 여기서 한 번 더 강조할 필요도 있다. 물가에서 자란 식물은 상대적으로 생장기가 끝난 다음 죽는 양이 훨씬 더 많기 때문에 유기 부니질 먹이사슬을 따라 전달되도록 유도할 필요가 있다. 많은 벌레들은 물에서 애벌레 시기를 지낸 다음 탈바꿈하여 하늘로 날아오를 때 몸에 담긴 많은 양의 영양소를 뭍으로 옮겨 놓는다. 꿀과 씨앗은 농축된 에너지와 영양소를 함유하고 있으므로 습지를 창포나 수련 등의 꽃밭으로 이루어 아름다운 경관을 감상하고, 양봉을 곁들여 벌과 나비들이 열심히 자양분을 땅으로 옮기도록 유도할 수도 있다.

물가에서 염소나 오리를 키우며 주기적으로 방목하는 것도 한 가지 고려해 볼 수 있는 방법이다.[12] 염소와 오리는 풀을 뜯어 먹음으로써 영양소를 제거한다. 때로는 식물을 성장기 내내 내버려 두는 경우보다 적당한 정도의 방목이 오히려 성장을 촉진함으로써 더 많은 양양소를 제거하는 데 도움을 주기도 한다.[13] 나아가 오리는 황소개구리 올챙이를 먹어 성가신 도입종을 제어하기도 한다지 않는가? 그런 일을 하는 생물이 어디 오리뿐이겠는가?

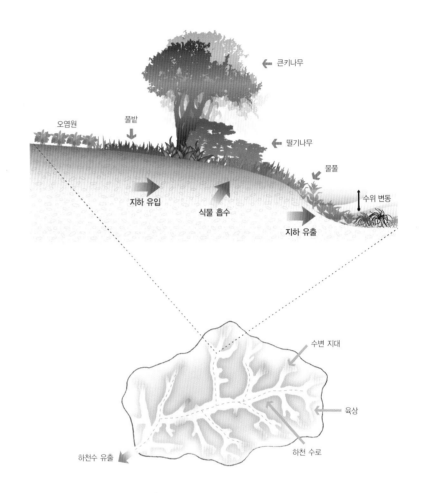

크키나무

오염원　풀밭

떨기나무

물풀

지하 유입　식물 흡수

수위 변동

지하 유출

수변 지대

육상

하천수 유출　하천 수로

▲ 유역에서 물가를 따라 놓인 숲띠가 이루는 연결망.[10]

　요컨대 육상 생태계의 영양 물질 보유를 최대화하여 수자원의 부영양화를 감소시키려면 유역에서 습지와 식생대의 공간적인 분포 및 수문, 수질, 동식물의 분포와 이동 관계를 이해해야 한다. 무엇보다 점이대로서 물가의 습지와 식생 지대는 천연적으로 물가를 따라 연결되어 물과 야생 동물들의 통로가 되는 곳이다. 파편화시킨 다음 생태 다리를 만드는 것보다는 토지 이용 계획 단계에서 식생 지대가 끊기지 않도록 배려해야 한다.

물의 관리

땅의 영양소 보유 능력이 감소되면 자연히 물질은 물과 공기로 옮겨 간다. 흔히 우리가 걱정 없이 누리던 물과 공기의 질이 저하된 것은 사실 육상으로부터 더 많은 물질이 물과 공기로 옮겨갔기 때문이다. 그리하여 우리가 사용하는 수자원에 영양소가 부쩍 많아지면 영양 소가 부자인 부영양화가 일어난다.

수자원이 부영양화되면 조류가 빠른 속도로 번성하게 된다. 부영 양화 상태에서 골칫거리는 영양소 그 자체보다 그것이 일으키는 조 류 번성이다. 수계의 조류 번성을 방제하는 방법은 크게 두 가지로 나눌 수 있다. 하나는 지금까지 얘기해 온 바와 같이 영양소가 땅으 로부터 물로 유입되는 길을 막는 방법이다. 효율적인 측면을 고려하 면 이 방법이 최선이다. 일단 영양소가 물에 들어가서 섞이면 분리 해 내기도 어려울뿐더러 땅으로 다시 되돌려 놓으려면 엄청난 에너 지와 노력이 요구되기 때문이다. 그러나 이제는 어쩔 수 없이 수중 으로 유입된 영양소를 제거해야 하는 입장이다.

생물학적으로 수중의 영양소를 제거하는 방법은 다시 두 가지로 나눌 수 있다. 그 첫째는 조류가 흡수하기 전에 물에 있는 영양소를 제거하는 방안이다. 이 경우 물이나 물가에 사는 고등식물도 영양 소를 흡수해야 하는 처지이므로 식물이 먼저 흡수하게 하여 식물을 제거하는 방법을 고려해 볼 수 있다. 둘째는 생산된 조류를 먹이사 슬의 상부에 있는 물고기를 이용하여 많이 뜯어 먹히게 하는 일이 다. 전자가 상향식 제어라면 후자는 하향식 제어가 된다. 상향식 제 어 원리는 영양소가 많아지는 것이 문제이기 때문에 문제의 원인을 제거하려는 노력이다. 반면에 하향식 제어는 먹이사슬의 뒷부분을 제어함으로써 조류의 현존량을 감축시키는 노력이다.

　　상향식 조류 제거 방식으로 호수나 저수지에 뗏목을 띄우고 거기
에 미나리를 재배해 보자는 개인적인 생각이 떠오른 것은 1990년 팔
당호 주변에서 골재 채취가 한창 논의될 무렵이었다. 그러나 그 착
상은 가슴에 묻어 두고 실천할 길을 찾지 못했다. 그러던 중 1995년
9월 일본 건설성 하천환경연구소에서 연구를 하고 있던 이삼희 박사
가 일본에서 이미 이에 대한 특허를 냈다는 소식을 전해 주면서, 이
생각은 다시 고개를 들기 시작했다. 해가 바뀌고 어느 날 저수지에
인공 섬을 띄워 수상 꽃밭으로 만들어 볼 수도 있지 않을까 하는 생
각을 하게 되었다.

　　전경수 교수의 『똥이 자원이다』라는 책에 보면, 남미 페루와 볼리
비아 국경의 티티카카 호의 떠도는 섬[15] 위에 집을 짓고 사는 원주민
들이 있다고 하니 식물을 키우는 정도의 뗏목 제조는 그리 큰 일이
아닐 듯싶다.

　　뗏[浮筏] 아래 물에 잠기는 부분에는 그물주머니를 붙여서 물고기
를 키우며, 그 위에서는 식물을 키운다. 미나리를 키우면 반찬으로
이용할 수도 있다. 꽃을 가꾸면 보아서 아름답고 잘라서 시장에 낼
수도 있지 않을까? 여기에 벌과 나비를 곁들이면 꿀도 취할 수 있

1, 2. 저수지 가운데 작은 섬과 그곳을 찾은 물새 떼.[17]

3, 4. 수질 정화를 위해 개발한 일본의 가스미가우라 호의 인공 섬과 안내판.[18]

다. 그러고 보니 떼는 물가의 습지를 물 위로 옮겨 온 모양이다. 잘 설계된 떼는 사람들이 낚시나 물놀이를 할 수 있는 장소나 새들의 서식처로서 기능도 발휘할 수 있지 않을까?

이와 비슷한 구조물로 보네만의 바다에서는 마을 공동체가 만든 룬폰이라고 부르는 인공 어초가 전통적인 어업에 이용되고 있다는 얘기도 있다.[16] 이 구조는 대나무로 만든 뜰 것을 수면 위에 띄우고 시멘트를 채운 드럼통으로 만든 고정 지점으로 밧줄로 묶은 것인데, 밧줄에는 야자나무 잎을 엮어 놓아 물고기들이 꾀여 들게 했다.

인공 섬은 새들을 꾀이는 데도 활용될 수 있을 것으로 예상된다. 박찬열 박사와 함께 어느날 연세대학교 원주 캠퍼스 앞에 있는 저수지에서 가진 착상이다. 그 저수지 안에는 섬이 하나 있는데 어느 해 가을 물새가 떼를 지어 노는 모습을 볼 수 있었다. 인공 섬인들 그런 구실을 못하란 법은 없으리라.

이런 원리를 이용한 접근은 역시 발 빠른 일본이 먼저 실천에 옮기고 있다. 우리는 1997년 1월 일본 건설성 하천환경연구소의 나카무라[中田] 씨의 안내로 가스미가우라 호를 방문하여 떠 있는 인공 섬의 실용성을 시험하고 있는 츠쿠바시 인근의 현장을 견학했다. 그들은 가벼운 물질을 개발하여 떠 있는 섬을 만들고 그 위에 갈대를 키우며 수질이 정화되는 정도와 물벌레와 고기, 그리고 새가 찾아오는 효과를 조사하고 있었다.

떠 있는 섬이 우리의 민물에 흔하게 나타나기 어려웠던 까닭이 있기는 하다. 경사가 급한 우리 땅에서 물은 한곳에 머물기보다 이동하는 경관 요소였다. 그래서 뗏목이 베어 낸 목재를 옮기는 수단으로 이용되었다. 우리 땅에서 부도는 이동 수단이었지 정착 수단은 아니었다. 그러나 지금은 싫든 좋든 상황이 많이 바뀌었다. 고인 물이 썩는다는 옛말이 있다 하더라도 이미 곳곳에 저수지를 만들어, 물을 머무는 경관 요소로 만들어 놓았다. 그렇다면 그에 걸맞은 부도가 생길 만도 하다.

이 착상은 자그마한 저수지에 적용해 보면 제법 쓸모가 있을 듯도 하다. 떼를 줄로 매어 저수지 가에서 밀고 잡아당기면 수면 위의 배치와 수거를 물에 들어가지 않고도 조절할 수도 있지 않을까? 이런 용도에 알맞은 떼의 재료와 구조는 생물학자의 몫이 아니니 차라리 손재주를 가진 분들에게 맡기면 된다.

그러나 이 방안도 여러 가지 다각적인 측면에서 비용 편익 분석을 선행해 봐야 한다. 부대적인 준비의 성가심과 다른 귀찮음도 발생할 수 있다. 물의 사용 효율 측면에서 검토도 요구된다. 호수 표면을 떼와 식물로 덮기 때문에 증발되는 물의 양은 줄일 수 있을지도 모르겠다. 반면에 식물을 통한 증산 작용으로 대기로 손실되는 물의 양이 증대될 수도 있다. 물과 식물, 대기로 이동하는 물질의 생지화학적 과정도 검토되어야 한다. 어느 정도 식물 생산이 가능하고 또 물고기 수확이 가능할지? 어느 정도의 유기물이 메탄으로 전환될 것인지? 어느 정도의 질소가 탈질 작용으로 대기로 제거될 수 있을지?

영양 단계	1차	2차	3차	4차
먹이사슬 (보기)	생산자 (식물 플랑크톤) →	1차 소비자 (동물 플랑크톤) →	2차 소비자 (작은 물고기) →	3차 소비자 (큰 물고기)
하향식 영향 전달	약 ←	강 ←	약 ←	강
	강 ←	약 ←	강 ←	약

◀ 먹이사슬을 따라 나타나는 계단 효과의 원리. 짝수 영양 단계가 강할 때는 조류의 현존량이 줄어드는 반면에 홀수 영양 단계가 강할 때는 조류 현존량이 증가한다.

어느 정도의 인이 식물에 의해서 제거될 수 있을지?

하향식 조류 제거 방식은 먹이사슬의 원리를 고려하고 있다. 조류를 먹고 사는 물벼룩과 같은 동물 플랑크톤이 우세하면 조류는 상대적으로 줄어들 것이다. 그러나 동물 플랑크톤을 먹는 작은 물고기들이 많으면 동물 플랑크톤의 세력이 약해지면서 오히려 조류의 현존량이 증가할 수 있다. 따라서 작은 물고기를 먹는 큰 물고기 개체군을 인공적으로 높여 주면 조류의 번성을 방지할 수 있다는 논리가 선다. 이렇게 먹이사슬을 따라 전달되는 영향을 '계단 효과(cascade effect)'라 한다.

그러나 현실에서는 이 원리가 제대로 적용되지 않는 경우가 많다. 그 까닭은 큰 물고기의 효과가 먹이사슬을 따라 전달되는 단계에서 그것을 상쇄하는 보상 효과가 일어나기 때문인 것으로 이해된다. 영양 단계에 나타나는 그러한 현상을 '보상 반응(補償反應, compensatory response)'이라 한다. 이것은 하향식 조류 제거 방식이 이론적으로 그럴듯해 보이기는 하지만 실용화하는 데 해결해야 할 몇 가지 문제가 있다는 사실을 의미한다. ● ● ●

생태계 자치력

혼자서 미국 여행을 할 때면 가끔 맥도날드에서 아침 식사를 한다. 그곳은 아침 6시에 문을 여는 음식점 중의 하나다. 특히 주말이면 대부분의 가게가 10시가 되어야 영업을 시작하기 때문에 새벽잠이 없는 내가 쉽게 한 끼를 때울 수 있는 곳이다.

그곳의 아침 손님은 대부분 70이 가까운 노인들이다. 커피를 한 잔 시켜 놓고 신문을 보거나 동네의 다른 노인들과 환담을 나눈다. 맥도날드가 햄버거용 고기를 확보하기 위해 남미의 숲을 파괴하고 목장을 만드는 악명은 익히 들었다. 그러나 노인들을 상대로 벌이는 이런 사업은 누이 좋고 매부 좋은 식이다. 우리나라에서도 머지않아 은발의 노인들이 기꺼이 시간을 보낼 수 있는 장소가 있어야 하지 않을까? 특히 아침잠이 없는 노인들이 모일 수 있는 장소 제

공이 필요하지 않을까? 미국에서 맥도날드는 그 역할을 하고 있는 것이다. 우리의 전통적인 습관으로 보면 그렇게 되기까지는 시간이 걸릴 것 같지만 언젠가 사업이 될 성싶다.

나는 고등학교 1학년 때 처음 자장면을 먹어 보았다. 부산 부두에서 월남으로 떠나는 청룡 부대를 환송하고 돌아오는 길에, 동행했던 친구가 갑자기 중국집으로 나를 밀어 넣고 자장면을 사 주어 맛있게 먹었다. 그래서 나는 그날의 장면을 그림처럼 기억하고 있다. 농촌에서 생활했던 나는 그때까지 외식이라는 것을 아예 생각조차 하지 못했다. 그러나 내 자식 세대는 어릴 때부터 외식에 익숙해져 있다. 이런 식생활의 변화는 무엇을 의미하는가?

대부분 자기 논과 밭에서 자란 먹을거리를 집에서 요리해서 끼니를 때우던 과거의 관습들이

▶내부 순환과 외부 순환의 상대적인 크기 비교.[19] 오늘날 많은 환경 문제는 외부 순환으로 일어나는 긴 이동 경로에서 물질이 통로를 벗어나면서 주로 발생한다. 자급자족하던 전통 농경 사회에서는 내부 순환으로 생태계의 물질 재활용이 왕성하던 반면에, 많은 물질을 외부로부터 공급받고 또 폐기해야 하는 도시 생태계는 외부 순환이 우세하다. 따라서 작은 규모의 외부 순환을 보다 큰 규모에서 긴밀히 연결하는 방식을 찾아보면 어느 정도 환경 문제를 해결할 수 있는 길을 모색할 수 있을 것이다.[20]

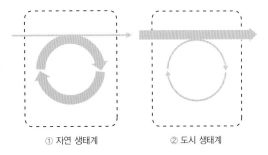

① 자연 생태계　　　② 도시 생태계

바뀌었다. 이제는 남의 땅에서 자란 먹을거리에 많이 의존하는 외식 문화가 일상화되었다. 먹을거리 속에 포함된 영양소들이 움직이는 거리를 비교해 보면 자급자족의 시대와 상품 사회의 시대는 다르다. 전자는 작은 순환 고리를 가지는 반면에 후자는 큰 순환 고리를 가진다. 좀 다르게 표현해 보면, 하나의 가정 안에서 물질의 내부 순환이 차지하는 비중이 예전에는 높았으나 지금은 그렇지 않다.

전근대적인 사회의 특징으로 일컬어지는 '자급자족'이라는 단어는 지역 생태계 안에서 일어나는 '물질 내부 순환'의 다른 표현이다. 그때는 논밭이나 숲에서 먹을거리와 땔감, 그리고 입을 옷을 짜는 데 필요한 직물을 얻었다. 곧 의식주의 기반이 되는 에너지와 물질을 가까운 생활공간에서 구했던 것이다. 그리고 소비하는 과정에서 발생하는 폐기물들, 이를테면 재와 인분, 그리고 마구간에서 모은 퇴비를 논밭에다 공급하면서 재생산을 도모하는 과정을 되풀이했다.

사회 발전과 분업이 일어나면서, 그리고 활동 범위가 넓어지면서 가정에서 사용하는 자원의 외부 순환 부분이 늘어났다. 내가 먹고 입는 데 필요한 에너지와 물질이 먼 곳에서 공급되었고, 또 쓰고 난 다음 폐기되는 것도 먼 곳까지 이동하게 되었다. 이것은 가정이라는 계를 기준으로 보면 물질의 외부 순환 부분의 증가이다.

일반적으로 성숙한 생태계는 물질과 정보의 내부 순환을 통하여 자신의 본질을 유지시키는 경향이 있다. 그러나 인위적인 간섭을 받게 된 대부분의 육상 생태계에서는 외부 순환의 상대적인 크기가 높아짐으로써 본래의 모습을 잃게 된다. 가정과 인간 활동이 수행되는 땅에서는 더 많은 물질이 버려진다. 내부 순환의 길을 벗어난 물질은 수권과 기권으로 이송되고 거기서 처리해 주도록 방임하게 되었다. 이제 마치 우리가 지나치게 친구에게 의존하면 친구가 싫어하듯이 물과 공기는 땅의 의존을 꺼리게 되었다. 이것이 바로 우리가 오늘날 보고 있는 환경 문제의 한 모습이다.

근래에 '생태계 자치(ecosystem autonomy)'라는 말이 생겼다.[21] '자치'란 제 스스로 처리하는 것을 말한다. '생태계 자치'란 생태계가 바로 내부에 포함된 자원으로 기능을 유지하는 경우를 말한다. 내부 순환이 크면 자치력이 강하다. 튼튼한 자치 단체와 마찬가지로 내부 순환으로 갖춘 생태계가 우리의 희망이다. 그러나 어느 정도 열려야 하며, 어느 정도 크기 또는 수준에서 생태계 자치를 유지해야 하는지 대답하기는 간단하지 않다. 圭

지나침이 문제로구나

"제가 보니까요. 세상에는 무엇이든 넉넉한 것 같데요. 그게 공평하게 나누어져 있지 않고 한군데 몰려 있기 때문에 없는 사람은 꼭 필요한 것도 모자라고, 있는 사람은 흔전만전 쓰고도 남아도는 것 같았어요."

"그렇지만 공평히 나누기 위해서는 세상의 모든 돈을 다 모아야 한다. 어떤 부자도 그건 안 돼."

"반드시 그럴 필요는 없어요. 우선 한 사람이라도 그렇게 시작하면 누군가가 따라오겠죠. 그래서 그런 사람들이 점점 늘어나면 결국 세상 전부가 공평해질 것 아니에요?"

— 이문열, 『젊은날의 초상』

물산을 잘못 유통시키면 부작용이 생기듯 인물이 너무 한쪽에 몰리거나 너무 적으면 반드시 일이 생기네.

— 이재운, 『토정비결』

모든 유물은 제자리에 있을 때에만 온전히 제빛을 발할 수 있다.

— 유홍준, 『나의 문화유산답사기』

질병이 건강한 동물에 나타나는 특정한 과정들의 과도함이나 부족이 아니라면 무엇이겠는가?

——프랑수아 자콥, 『생명의 논리, 유전의 역사』

그리움이 너무 많으면 마음이 범람한다. 간신히 막아 두었던 그리움의 둑이 무너져 내리면 해야 할 말들은 길을 잃고 떠내려가 버리는 것이었다. 홍수 난 마음으로 무엇을 적으랴.

——양귀자, 『천년의 사랑』

(어린이의 교육에서) 통제와 사랑의 지나침은 피해야 한다. 안전은 항시 중용에 있다. 그러나 중용의 위치를 아는 것이 어렵다.

——제임스 돕슨, 『Dare to Discipline』

마음에 있어 걸림은 마음의 동맥 경화를 초래한다. 흐르지 않고 괸 물이 썩어 버리듯 마음의 흐름을 방해하는 머무름과 걸림은 마음을 썩게 하는 방일(放逸)과 게으름, 그리고 집착을 초래한다. 마음의 장애물을 뛰어넘어야만 비로소 그 어느 것에도 얽매이지 않는 대자유인이 될 것이다.

——최인호, 『길 없는 길』

(중략)
척박한 땅 가리지 않고 아무 곳에서나 잘 자라고
잎 전체에서 나는 향기로 나쁜 벌레 오지 않고
화려하지 않아도 향기가 백 리까지 간다는
이 꽃만큼 살았으면 싶었다
그러나 그것도 쉬운 일이 아니다

잎이 마르는 듯싶어 너무 자주 물을 주고
꽃은 안 피고 줄기가 처지는 듯싶어
손때를 많이 묻히고 그래서인지
얼마 못 가서 죽고 말았다

내 마음 어느 구석에 너무 지나치거나
너무 모자라는 데가 있어서
조급하게 자랑하고 싶거나 은근히
내세우고 싶어서 어린 꽃을 힘들게 하다
공연히 꽃만 죽인 꼴이 되었다
(중략)

— 도종환, 「엽맥처럼」, 시집 『슬픔의 뿌리』에서

여기서 인용한 글들을 통해서 지적하고 있는 문제들의 공통점은
무엇일까? 그것은 물질, 에너지, 정보의 정체 또는 잘못된 흐름이
곧 문제의 발원이라는 해석이다. 이 원활하지 않은 소통은 과도 또
는 과소의 원인이 된다. 여기서 잘못되었거나 과하다(지나치다)는 평
가는 순전히 사람의 잣대로 내려진다. 요컨대 사람의 잣대로 자연
과학적인 시각에서 가름하는 환경 문제는 에너지와 정보를 담고 있
는 물질이나 생물의 편중에서 비롯된다.

이제 흐름을 기능이라 본다면 흐름을 매개하는 구성원들의 존재
양태는 구조라 부를 수 있다. 비유컨대 인간 사회에서 사람들로 이
루어지는 조직은 구조적인 면이며 사람과 사람 사이에 일어나는 정
보의 흐름은 기능적인 측면이다.

이 글들 속에 자리 잡고 있는 또 하나의 바탕은 물질, 에너지, 정

보를 효율적으로 활용할 수 있는 체계가 선택받을 수 있는 확률이 높다는 가정이다. 사람의 잣대는 효율적인 것이 장기적으로 선택받을 가능성이 크다는 심증적인 가정에서 비롯되지 않았을까?

어쨌거나 선택받기 위하여 물질, 에너지, 정보가 때로는 내가 속한 체계에 잘 보유되어 쓰임새가 있어야 하고 때로는 원활하게 유통되어 머무름이 지나치지 말아야 한다. 이제 환경 문제와 관련된 '생태적 중용'은 무엇을 말함인지 스스로 묻게 된다. 그것은 어쩌면 생태적 중용이 옳다 하더라도, 적당한 정도를 쉽게 알 수 없다는 점에서 곱씹어야 할 영원한 화두이다.

책에 나타난 표현은 저마다 다투고 있는 생각들 중에서 선택된 요소라 했다.[22] 마찬가지로 인간의 모든 의사 결정과 행동은 여러 가지 대안 중에서 선택된 것이며, 그 선택은 또한 주체가 속해 있는 사회에서 선택받기 위한 노력 이상이 아니다.

그렇다면 지금 이 시간 존재하는 것은 긴 역사를 통해 스스로 선택되기 위한 노력에 기인된 것인가? 아니면 노력 없이 그저 우연히 발생한 현상을 환경이 선택한 결과인가? 생명체들의 변이가 필연적으로 유용성과 필요, 진보의 개념과 연결되는 것이 아니라고 했으니[23] 다윈의 자연선택설은 아마도 후자의 입장이 아니었을까? 그렇다면 도대체 선택될 수 있는 적자(適者)는 어떤 체계를 말함인가? 어떤 체계의 대물림을 보장할 수 있는 능력을 부여하는 실체는 무엇일까?

체계가 부분의 과정을 통해서 점점 나아지는 방향으로 가는 것이 발전이나 진화라는 의미를 내포하고 있다. 그런데 도대체 생물 진화와 인간 발전은 무엇을 지향하고 있는가? 이제 이런 발전과 진화를 향한 사람들의 몸부림이 바로 문제의 근원이라는 시각도 있다. 우리가 안고 있는 문제는 오히려 발전하기 위해서, 그리고 선택받기 위해서 쏟아 내는 지나친 노력에서 연유되었다고 보는 입장이다.

한때 서울대학교 생물학부 최재천 교수는 '아즈텍 공화국의 왕권 다툼'이라는 개미 공동체 사회에 대한 세미나를 통해, 공동체를 위한 활동에서 힘을 아끼는 여왕개미가 살아남는 경우도 있다고 했다. 그는 행동생물학을 소개하는 어떤 글에서 "개체가 집단[2]의 존속을 위해 자발적으로 산아 제한을 하는 체계는 결코 진화할 수 없다. 왜냐하면 자기만의 이익을 추구하는 개체들을 막을 길이 없기 때문이다."라는 표현으로 나와는 다른 시각을 보인다. 과연 자기만의 이익을 추구하는 개체들이 자연 세계에서 장기적으로 선택받을 수 있는 것일까?

이 내용은 사실 비인간적이고 조금은 가증스럽기도 한 내 농담과 깊은 관계가 있다. 언제 그런 생각이 처음 떠올랐는지 잘은 모르지만 발상은 이러했다. '지금으로서는 미국 땅을 물리적인 힘으로 뺏는다는 것은 요원한 일이다. 그러나 많은 한국 사람들이 그곳으로 이민을 가서 한 가족이 열 명씩의 자녀를 낳아 생식 능력이 있을 때까지 키워 낸다면 아마도 백 년 후에는 미국을 우리 땅으로 만들 수도 있지 않을까?'

그러나 이런 발상은 결코 장려될 수 없다. 하물며 환경을 염려해야 하는 상황에서는 이런 발상 자체가 지탄의 대상이 될 것이다. 무엇보다 이 발상은 실현되어서도 곤란하고, 실현되도록 방치되지도 않을 것이다. 그러나 이 전략은 정확하게 최재천 교수의 표현과 일치한다.

이 점이 바로 인간과 짐승을 구분하는 경계일까? 인간 사회에서마저 결국은 자기만의 이익을 추구하는 사람이 선택되기 십상이라면 이 땅에서 더 이상 도덕을 추구하는 분위기는 없어져야 하는 것이 아닐까? 아직도 우리가 도덕을 논하는 것은 장기적으로 약아빠진 여왕개미가 도태될 확률이 높다는 전제가 깔려 있다는 믿음 때문이 아닐까? 그 도덕은 긴 역사를 통해서 선택된 실체이며 우리의 정보 보유 장치 안에 깊숙이 내장되어 있기에 여전히 거론되고 있으며 또 쉽사리 물러가지 않을 하나의 체계이리라. 대부분의 사람들이 깡패들의 길을 굳이 따르지 않는 것은 힘이 모자라기 때문이 아니라, 그 화려한 삶이 긴 역사 속에서 선택될 수 없다는 정보가 우리 문화 속에 내장되어 있기 때문이리라.

너무 많이 쌓이면 넘치게 마련이다. 지나침은 결코 찬양의 대상이 될 수 없다. 세상의 모든 문제는 바로 지나침에서 비롯된다. 지금 귀여움을 받는 사람도, 생물도, 사물도 지나치면 필경 홀대의 대상으로 전락한다. 생태계에 일어나는 부정적인 변화는 지나친 쌓임이나 지나친 부족에서 시발한다.

인간 활동은 지구의 생지화학적 순환 과정을 크게 변화시키고 있다. 특히 화석 연료의 연소와 숲 훼손은 인간 활동이 대기와 생물권에 미치는 주요한 영향이다. 이를테면 에너지를 얻기 위해 화석 연료를 태우고 농경지와 도시 지역을 확보하기 위해 숲을 베어 내는 동안 점점 더 많은 양의 이산화탄소를 대기로 옮겨놓는다. 대기의 이산화탄소가 증가하면 온실 효과로 지구 기온이 점점 더 상승하고 결과적으로 여러 가지 문제가 발생하리라는 주장은 이제 너무도 일반적이다.

화석 연료에는 탄소뿐만 아니라 질소와 황도 포함되어 있다. 따라서 화석 연료의 연소는 하늘에 질소와 황산화물을 올려놓는다. 이렇게 추가된 원소들이 질산과 황산의 형태로 빗물과 함께 내리는 현상을 우리는 산성비라 한다. 모두들 알고 있는 바와 같이 질소와 황은 단백질의 구성 원소로서 이것이 없으면 생명도 존재할 수 없다. 산성비는 대기에 필수 원소가 지나치게 넘쳐서 지탄을 받는 현상이다.

최근까지 화석 연료에 포함되어 있는 황이 산성비의 주원인으로 인식되었다. 이러한 문제 인식에 힘입어 탈황 기술의 개발이 자극을 받았다. 그에 따라 산성비에서 황산의 양이 점차 줄어든 반면에 질산은 비교적 방치되고 있었다. 이제는 산성비에서 질산의 비중의 점점 높아지고 있다. 그 까닭은 화석 연료 연소뿐만 아니라 인공적인 질소 고정과 관련이 있다.

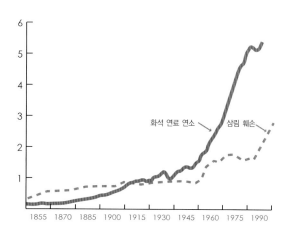

▲ 1855년이래 전지구적 화석 연료 소비량의 증가 경향.[5]

대기의 구성 요소를 보면 질소는 79퍼센트 이상을 차지한다. 그러나 이것은 질소 기체(N_2)로서 존재하며, 대부분의 식물이나 미생물이 직접 이용할 수 있는 암모늄이나 질산염의 화학 물질로 바꾸려면 질소 고정 과정을 거쳐야 한다. 이 과정은 자연에서 질소 고정균의 활동으로 이미 진행되고 있었다. 그러나 질소가 경작물의 생산성을 제한하는 원소임을 인식한 사람들은 애써 인공적인 질소 고정법을 개발했다. 그래서 대기의 질소 기체를 고정하여 폭약이나 화학 비료로 사용되는 양이 점차 늘어나고 있다.

이처럼 화석 연료와 대기에 포함되어 있던 질소가 자연적·인위적 과정을 거쳐 토양으로 투입되는 양이 늘어나고 있다. 이러한 투입량 증가가 사람들이 의도하는 대로 어느 정도까지는 땅의 생산력을 높여서 이익을 안겨 준다. 그러나 해가 거듭할수록 지나치게 많은 양의 질소가 땅에 쌓이니 넘치는 것이 당연하다. 땅에서 넘쳐흐르는 질소는 다시 물과 하늘로 가는 길밖에 없다. 그렇게 갈 때 질소

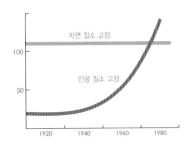

▲ 인공적으로 고정하는 질소량이 증대하는 경향.[27]

기체로 재빨리 바뀌어 가면 좋으련만, 그것은 우리가 바라는 대로 되지 않는다. 더구나 가면서 혼자 가지 않고 다른 친구들을 동반하고 가기에 또 다른 문제를 유발시킨다.

경기도 안산 시화호 지역에서 한국외국어대학교 이강웅 교수가 조사한 바에 의하면, 우리나라의 대기에서 땅으로 떨어지는 질소 침적량이 만만치 않다는 사실을 알 수 있다. 그러나 이러한 과량의 질소 침적이 우리의 인체와 생태계에 어떤 영향을 주는지에 대해서는 모두들 무감각하다. 참 이상하다.

땅에 축적된 질소는 물에 씻겨 가거나 하늘로 날아간다. 땅에서 벗어날 때는 땅에서 보유되기 어려운 형태의 화학 물질로 존재하는 것부터 우선적으로 손실된다. 질산염은 물에 녹기 쉬운 물질이라 지표나 지하 유출수에 쉽게 씻겨 간다. 질산염은 음이온이라 양이온인 알루미늄이나 수소 이온 등과 함께 씻겨 간다.

결과적으로 주변의 물은 질산염으로 부영양화되고 과잉의 알루미늄과 산성화의 피해를 입는다. 이것은 또한 칼슘과 마그네슘과 같은 필수 영양소들을 손실시켜 토양을 척박하게 만든다. 하늘로 날아갈 때는 질소 기체로 변화기도 하지만 온실 효과 기체인 아산화질소로 날아가기도 하니 대기 환경을 괴롭힌다.[26]

결국 화석 연료의 연소는 땅에 수소 이온과 황산염, 질산염이 쌓이는 상황을 초래했다. 이러한 현상을 우리는 지금까지 산성비라 하여 지나치게 걱정하지 않았던가? 여기서 '지나치다'는 말은 상대적이다. 산성이라는 단어에 매달려 산성의 직접적인 원인인 수소 이온만 걱정을 했다는 말이다. 그러기에 산성화된 토양에 석회를 뿌려서 수소 이온을 감추기에 급급했다. 그러나 그 행위는 도리어 다른 문제를 유발시킬 수 있다.

표 14 시화호 지역과 외국의 다른 지역에서 조사된 연간 질소 침적량 (g N/m² · yr)

지역 및 특성	질소 침적량
경기도 안산 시화 지역(대한민국)	2.4 (1.7~3.3)
서울, 강원도 춘천(대한민국)[a]	2.9~3.2
팔당호(대한민국)[b]	0.049~0.52
미국 캘리포니아 타호 호(Lake Tahoe)	0.1~0.7
미국 와이오밍 주 숲(눈이 많은 지역)	0.36
미국 탬파 만(Tampa Bay, 부영양화 지역)	0.7
덴마크 근해(Kattegate Sea)	0.9
미국 네바다 주 남부(약간 오염된 지역)	0.5~0.99
스페인 바로셀로나 근처 숲(공업 지역)	1.5~2.2
덴마크 육지	1.7
미국 네바다 주 남부(심한 오염 지역)	2.0~3.5
영국 페나인 남부(Pennines, 공업 지역)	1.8~3.0
영국 웨일스(Wales, 공업 지역)	2.0~2.5

자료: 시화 지역 자료는 한국외국어대학교 환경학과 이강웅 교수가 직접 측정하였으며, 외국 자료는 수집했다.
(a: 박순웅, 1999, 「산성비 감시 및 예측 기술 개발」, 환경부)
(b: 한국과학기술 연구원, 2000, 「실시간 호소/하천오염 감시용 센서 및 시스템 개발」, 1차년도 연차보고서)

　　산성일 때는 그나마 낙엽이나 유기물에 보유될 수 있는 황과 질소 함유 물질은, 갑자기 중성으로 되면 재빨리 분해된다. 그리고 빗물에 씻겨 갈 수 있는 황산염과 질산염의 형태로 변한다. 이렇게 변한 영양소는 지표 유출수로 이동되어 주변의 수자원을 부영양화하는 데 일조를 한다. 그러기에 땅의 산성화를 해결하고자 시도하는 단순한 석회의 첨가는 수자원의 부영양화를 초래하는 처방이다.

돈과 인력을 들여 한 일이란 땅의 문제를 물의 문제로 전가시킨 것 뿐이다.

그러면 다시 흘러가는 영양소를 땅에 잡아 둘 방안을 강구해야 한다. 땅의 생물 창고에 쌓고 또 쌓아도 넘쳐 빗물에 씻겨 가는 질소와 황을 잡아 둘 다른 창고를 마련하는 방도는 없을까? ● ● ●

물이 땅에 주는 보답

중력에 의해 물질이 높은 곳에서 낮은 곳으로 흘러내리는 것은 일반적인 현상이다. 땅의 입장에서 보면 어쩔 수 없이 낮은 곳에 자리 잡은 물에게 무언가 주지 않을 수 없는 상황이다. 그러나 물이 그래도 고마워할 너그러움이 있다면 무언가 보답하는 길도 있으리라. 그러한 과정을 좀 더 고상한 말로 표현해 보면 육상 생태계가 수중 생태계에 영향을 미치는 만큼 반대 방향으로 가는 '되먹임'이다. 그래서 강의 상류가 하류를 살찌게 하는 만큼 하류가 상류에 되먹임을 주는 과정도 있을 것이다.

이러한 내 생각은 1990년 대 중반에 한창 무르익고 있었다. 1996년 캘리포니아 대학교 버클리 캠퍼스의 콘돌프 교수를 잠깐 방문했을 때 그의 동료인 수서곤충학자 레쉬(Vicent Resh) 교수와 얘기를 나눌 기회가 있었다. 그는 곤충

이 성충으로 탈바꿈할 때 거미에게 포식되는 양에 대한 연구가 이미 진행되었다는 얘기와 함께 관련 자료를 소개해 주었다. 그러고 보니 낙엽이 쌓인 숲 속의 도랑이나 더러운 하천에서 거미줄을 많이 볼 수 있었다. 그리고 머지않아 연어를 통해서 바다의 물질이 하천으로 그리고 육상으로 옮겨지는 과정에 대한 학술 논문도 소개가 되었다.[28]

그 무렵 새를 연구하는 이우신 교수의 주선으로 우리나라를 방문했던 북해도 대학교 나카노(Shigeru Nakano) 교수와 자리를 함께 하게 되었다. 우리는 서울의 낙성대 부근에 있는 아구찜 집에서 소주를 마시며 여러 가지 얘기를 나누었다. 그때 물이 땅에 주는 보답에 대한 생각을 표현했다.

나중에 나카노 교수는 '육상 생태계와 하천을

연결하는 먹이 이동 과정'을 구체화해서 좋은 논문을 몇 편 발표했다. 그는 교토 대학교로 자리를 옮긴 다음 불행하게도 앞에서 언급한 적이 있는 캘리포니아 대학교 폴리스(Gary A. Polis) 교수와 함께 2002년 3월 27일 미국 태평양 연안에서 조사를 하던 도중에 파도에 밀려 먼저 세상을 떠났다. 그의 연구가 우리들이 술자리에서 나눈 대화에 영향을 받았는지는 이제 확인할 길이 없다. 어느 쪽이든 착상과 그 착상을 구체화시킬 수 있는 능력을 젊은 시절에 훈련해 둔 사람에게 영광이 돌아가는 것이 당연하다. ▣

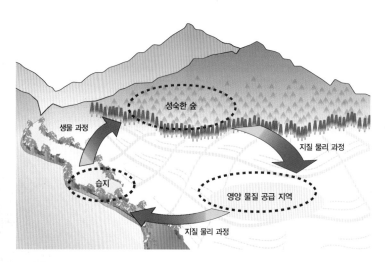

◀ 경관 안에서 오염원 발생 지역과 강터의 습지, 그리고 성숙한 숲으로 연결되는 가상적인 재순환 과정.[20]

계단 효과에 나타나는 보상 작용[30]

생태계에 나타나는 '보상 작용'은 자연의 복잡성과 탄력성을 보여 주는 하나의 보기다. 생물들 사이에 먹고 먹히는, 또는 도움을 주고받는 관계는 대단히 복잡하다. 따라서 자연을 일차 생산자와 일차 소비자, 그리고 이차 소비자 등으로 연결된 먹이사슬 구조로 이해하는 것은 일종의 단순화 과정이다. 이러한 생물들 사이의 복잡한 관계를 표현하기 위해 생태학자들은 '먹이그물'이란 용어를 사용해 왔다.

흔히 호수에 사는 작은 물고기는 동물 플랑크톤도 먹고, 식물 플랑크톤도 먹는다. 동물 플랑크톤은 주로 식물 플랑크톤과 원생동물을 먹고 산다. 원생동물은 주로 미생물과 물에 떠다니는 유기 물질을 먹고 산다. 미생물은 식물 플랑크톤이 분비하는 유기 물질을 먹고 산다. 이제 작은 물고기를 몇 차 소비자라고 불러야 할까?

그럼에도 불구하고, 만약 모든 생물들이 인간들처럼 자기가 특히 좋아하는 먹잇감(육식이냐 초식이냐, 물컹한 놈이냐 딱딱한 놈이냐 등)을 가지고 있다면, 각 생물들에게 '너는 몇 차고, 너는 몇 차야'라는 식의 꼬리표를 붙여 줄 수는 있을 것이다. 즉 작은 물고기가 식물 플랑크톤과 동물 플랑크톤을 모두 먹더라도 동물 플랑크톤을 선호한다면 작은 물고기는 근사적으로 이차 소비자의 역할을 한다고 볼 수 있다.

하지만 이러한 단순화는 오히려 생물들 사이의 관계를 잘못 이해하게 하는 첫걸음이 되는 듯하다. 그 단적인 예가 보상 효과다. 요즈음 간혹 '왜 보상 효과를 가지고 운운할까' 하는 생각을 해 본다. 여기엔 오히려 문제가 되는 것은 먹이 단계를 통해 정보가 이동된다고 주장하는 '먹이사슬 가설'이라는 생각이 내재해 있는 듯하다. 즉, 주객이 전도된 느낌이다. 보상 효과는 흔한 경우이고 먹이사슬 효과가 특별한 경우임에도 불구하고, 먹이사슬 개념은 오히려 이를 거꾸로 만들어 버렸다.

하지만 여전히, '왜 보상 효과가 일어나는가'에 대한 의문은 큰 의미를 가지고 있다. 이 질문은 너무나 근본적인 물음이기에, 결국 생물들 사이의 관계를 이해할 수 있는 하나의 화두가 된다. 여기에 대해선 아직까지 정답은 없고, 다만 그럴듯한 많은 설명들만이 제시되고 있는 상황이다.

어느 생물이건 자신을 먹으려고 달려드는 포식자에게 앉아서 당할 리는 없다. 우선은 발각되지 않으려고 노력할 것이고, 발각된 다음에는 열심히 줄행랑을 치거나, 또는 기만적인 술수를 써서 포식자를 놀라게 하기도 할 것이다. 만

약 근처에 피식자가 숨기 좋은 장소가 있다면, 포식자는 번번이 먹이를 얻는 데 실패하게 되리라.

먹이사슬 가설은 우선 호수 가운데와 같이 동일한 서식처가 비교적 널리 분포되어 있는 경우에 대해 적용되어 왔다. 따라서 이런 곳에서는 한번 포식자가 먹잇감을 발견하면 어지간해서는 놓치는 법이 없다. 다만 먹잇감이 많지 않아 발견하기가 힘들 뿐이다.

호수 가운데에 살면서도, 때로 큰 물고기에게 잘 잡아 먹히지 않는 놈들이 있다. 속도가 빠르기 때문일 수도 있지만, 나름대로 오랜 시간 동안 큰 놈들을 물리치거나 또는 적어도 피할 수 있는 능력을 개발해 온 결과이다. 예를 들면 남조류라 불리는 일종의 식물 조류 집단은 군체를 형성하며, 종에 따라 유독한 물질을 분비하

188

기도 한다. 따라서 이놈들은 여간해서는 동물 플랑크톤이 먹어 없애 버리기가 힘들며, 한번 번식하면 대량 증식을 하여 수질에 큰 문제를 일으키곤 한다.

어떤 물고기들은 자신의 입 크기에 따라서 먹을 수 있는 먹잇감이 한정되기도 한다. 따라서 무조건 자신보다 작은 놈이라고 해서 다 먹을 수는 없다. 충분히 작아야 그리고 충분히 커야 먹을 수 있는 것이다. 농어와 같은 물고기는 자신의 새끼들마저도 자기가 먹기에 적당한 크기이기에 그냥 먹어 치우는 습성을 가지고 있다. 만약 모든 새끼를 다 먹어 치운다면 결국 다음 세대에 가서 농어는 멸종하고 말 것이다. 이 예로부터 '먹힌다'는 것이 늘 포식자 개체군을 증가시키는 쪽으로만 작용하지는 않는다는 것을 알 수 있다.

하지만 의외로 많은 생물들이 서로를 도와가며 또는 적어도 서로 피해를 주지 않으며 함께 살아가고 있다는 사실에 놀라게 된다. 먹이사슬 효과나 보상 효과에 대한 논란은 단지 먹고 먹히는 생물들 사이의 관계에만 집중할 때 자연에서 나타나는 약육강식의 측면에 크게 치우치게 된다.

그러나 산불이나 태풍과 같은 큰 교란에 대해 생태계가 가지는 자기 유지 능력과 회복 능력 등으로 시선을 돌려 본다면, 보상 효과에 대한 논의는 조화와 균형이라는 사뭇 다른 방향에서 전개될 수 있다. 앞으로 보상 효과에 대한 이해의 증진은 우리가 자연을 보호하고 다시 회복시키고, 또는 인간의 특별한 목적을 위해 자연을 현명하게 이용하는 데에 필요한 지식과 관점을 제공할 것으로 기대된다.

더 큰 세상을 그리며

수학적인 확실성과 엄밀성을 가지고 모든 현상을 설명할 수 있다는 고전 과학의 신념이 사라지면서 과학은 비로소 문학과 근본적인 유대를 발견하기 시작한 듯이 보인다. 열역학 제2법칙의 개념을 빌려서 말하자면, 문학이란 과학의 변방이 아니라 바로 그 중심에 불가사의하게 위치한 일종의 엔트로피로서 인식되기 시작한 것이다.[31]

생태학은 생명 현상이 이루어지는 과정의 다양함과 풍성함에 매료되어 비생명적인 요소가 가지는 의미를 강조한다. 그러면서도 생태학은 생명과 비생명을 구분한다. 그러나 생태학에는 그것의 대비보다 '상호 보완성'에 논의의 초점을 둔다. 이런 까닭 때문인지 생물학에 시원을 두고 있는 생태학은 근자에 들어 생물의 물질성에 눈을 두고 있는 분자생물학의 득세로 고향에서 발붙이지 못하고 역설적으로 타향 사람들에게 흠모를 받는 학문이 되었다. 세상에 생태 또는 생태계라는 말이 얼마나 남용되고 있는가?

그러나 생태학이 과학 안에 독점되지 않고 심지어 문학에까지 포함되는 대중성은 생태학의 다양성을 키울 수도 있겠지만 자칫 힘의 분산으로 학문으로서 성격을 잃을 수도 있다. 생태학이 생물학에서 출발했다면 긴 지구 역사 속에 살아남은 세포의 의연함을 본받아야 할 것이다. 일반 생물학이 주는 교훈을 되돌아보라.

자연이 선택한 세포 구조에서 유전자는 절대로 바깥으로 나돌지 않는다. 핵막을 뚫고 스스로 나서면 쉽게 다치거나 변질된다는 것을 긴 진화 과정에서 깨우쳤기 때문이다. 아니면 까불고 나섰던 유전자들은 역사의 저 뒤편으로 사라졌기 때문에 무겁게 앉아 있는 유전자들만 세상에 살아남은 것이리라. 드디어 핵막과 세포막이라는 확고한 성을 구축하고 단백질을 배양하여 환경과 분연히 맞서며 굳건히 살아남은 지혜를 배워야 할 것이다. 무겁게 앉아 자신의 관리를 돈독히 하되 결코 닫히지 않는 반투막처럼 본질을 지키고 또 이웃과 나눔을 가지는 생명 과정의 생존 전략을 배워야 할 것이다.

나아가 자연선택이 생물다양성을 가꾸어 가듯이 생태학에서도 옆에서 안겨 주는 요구 이상을 감당할 수 있는 힘을 키우지 않으면 아니 된다. 부추김이 많을수록 일어나는 변이에 걸맞은 내부적인 학문 선택 또한 필요하다.[32] 이러한 다짐으로 나는 결국 생태학 자체가 안고 있는 한계와 내 자신의 공부가 가지는 한계를 동시에 들추고 만다. 한계를 극복하기 위해서 시공간으로 떠돌아야 하되 지나치지 말아야 한다는 애매한 주장만 뱉은 꼴이 되었다.

이 글을 통해서 그동안 품고 있던 모든 생각을 쏟아 버리고 싶었다. 고백하기 어려운 일이기도 하지만 쏟아 버리면 담을 수 있는 여지가 생기리라는 희망이 이 작업의 원동력이었다. 여전히 소프트웨어와 하드웨어는 상호 보완적인 관계에 있다는 사실을 인정하면서도 스스로는 하드웨어의 빈약함을 두려워한다. 자연과학에서 출발한 내 공부는 하드웨어에 의존하는 경향이 큰 반면에 부질없는 욕심으로 결국은 양쪽을 모두 허약하게 만든 꼴이라 반성을 하게 된다. 그러기에 이 글에서 그런 허약성은 내 스스로 드러내지는 않았고 오히려 본능적으로 묻어 두려고 했겠지만 예리한 눈으로 보면 분명하게 나타나리라.

1995년 여름, 그보다 3년 전에 번역했던 유진 오덤 교수의 『생태학』의 개정판[33]을 만들면서 내용이 지나치게 미국적이라는 사실을 새삼스럽게 인식했다. 번역을 하기 전에는 그 책에서 대부분의 사례들이 미국의 경우를 얘기하고 있음을 미처 눈치채지 못했다. 그런데 환경경제학을 연구하시는 동료 교수가 남의 책에 왜 그렇게 시간을 보냈느냐고 물었다. 지나가듯이 하신 말씀이지만 예사로이 들리지 않았다.

미국인이 쓴 미국 책이니 미국적이었던 것은 당연하다. 그러나 책을 꾸릴 수 있는 정보가 미국에 많이 축적되어 있는 상황도 그렇게 만들 수밖에 없지 않았을까?

1960년대 초 보만(F. Herbert Bormann) 박사와 라이컨스(Gene E. Likens) 박사가 뉴햄프셔 주 하바드브룩 시험됨에서 유역 생태 연구를 성공적으로 수행한 것은 미국 장기 생태 연구의 힘이 되었다. 1977, 1978, 1979년 연속 3회의 워크숍 과정을 거쳐 미국과학재단은 장기 생태 연구 지원을 결정했다. 그리하여 미국 본토에 특징적인 17개 지역을 선정하고 나중에 남극까지 포함시켜 계속적인 생태 자료를 수집하고 있다.[34] 미국과학재단은 1997년 이후 장기 생태 연구의 중요성을 더욱 강조하여 6개 지역을 연구지에 추가했다. 이 중에는 메릴랜드 주의 발티모어 시와 애리조나 주의 피닉스 시가 포함되어 도시 생태계의 장기 연구도 고려하게 되었다. 2001년 현재 무려 1,200명의 과학자들이 장기 생태 연구

▶ 우리나라와 미국, 대만, 중국의 장기 생태 연구지 분포 지도.

▼ 미국 장기 생태 연구의 산파 역할을 했던 보만 박사(오른쪽)와 라이컨스 박사(왼쪽)가 자신들의 연구지인 하바드브룩에서 설명하는 모습.[35] 이때 그들의 연구 계획이 미국의 국립보건연구원에 처음 제안되었을 때는 재정 지원이 거절되었으나 다음 해 과학재단이 지원했다고 말했다.

① 한국

② 북미

③ 타이완

④ 중국

① 한국
장기 생태 연구지
계방산
광릉 수목원
삼척 산불 지역
금산

② 북미
북극 툰드라
보난자
파머
맥마도
앤드루스
세다
너트 템퍼레이트
허바드
플럼
하버드
볼티모어
쇼트 그래스
켈로그
버지니아
샌타 바버라
니워트
콘자
센트럴 애리조나
코위타
세빌레타
조나다
조지아
플로리다
루퀼로

③ 타이완
푸산
유안양 호
관다우시
타타치아
난젠산

④ 중국
산장
하일룬
푸캉
네이멍
나이만
창바이산
유첸
셀레
베이
오르도스
베이징
하이베이
샤포토우
안사이
루안청
유첸
샤오쯔안
창유
펑큐
창슈
마오지안
타이후
안팅
동후
라사
공가산
티오유안
왕탄
후이통
콰안쭈
아이라오산
딩후산
다야완
찌슈안반나
허산
자야

에 참여하며 자료를 수집하고 있다.[36]

우리나라보다 면적이 조금 큰 영국은 전국에 9곳의 생태와 수문 연구소를 운영하면서 주변 대학교와 환경 연구 기관들을 연계시켜 장기 생태 연구와 정보 수집을 국가적 차원에서 지원하고 있다. 우리나라보다 훨씬 작고 인구 2000만에 지나지 않는 대만도 이미 5곳의 장기 생태 연구지를 지정하고 70명 이상의 박사급 생태학자들이 자료를 모으고 있다. 국민 소득이 우리보다 훨씬 밑도는 중국도 2003년 현재 북경시를 포함하는 36개의 연구지를 생태 연구망에 포함시켜 연구를 하고 있다.[37]

일본은 굳이 이름에 '장기'라는 단어를 붙이지 않더라도 하나하나 장기적인 자료를 이미 확보하고 있다. 1965년부터 교토 대학교 생태 연구 센터를 중심으로 일본 최대 호수인 비와 호를 정기적으로 조사하고 있을 뿐만 아니라 50여 개 장기 생태 연구 사업을 수행하고 있다. 심지어 동남아 열대림의 생태적 자원 탐사에까지 손을 뻗어 현지인의 값싼 인건비를 동원하며 장기 생태 연구를 수행하고 있다. 일본은 왜 동남아에 있는 사라와크(Sarawak)에 엄청난 연구비를 투자하는 것일까? 왜 인도네시아 지역에서 대형 산불이 나자마자 수많은 자국의 생태학자들이 연구를 벌이도록 지원했을까? 과거 우리나라의 수문 역사, 식물과 새에 대한 기록과 자료를 구하기 위해서는 일본에 의존해야 한다는 사실을 아는 사람은 안다.

인류생태학자 전경수 교수의 말씀을 빌리면 우리나라 목재상들이 벌이고 있는 동남아 열대림 벌채는 위험한 수준이라고 했다. 지난날 일본이 자행한 잘못을 이제는 우리가 흉내 내고 있는 반면에 일본은 시대에 뒤진 자원 갈취 방법을 버리고 유화책을 사용하고 있다. 근래에 베트남 전쟁을 기회로 우리보다 더 많은 돈을 번 일본인

들보다 우리가 더 많은 욕을 먹는다는 얘기도 있다. 동남아 열대림의 갈취에서도 똑같은 상황이 반복될까 두렵다. 나중에 우리는 동남아의 원망을 일본으로 돌아갈 부분까지 보태서 덤터기로 써야 할지도 모른다.

1994년 4월 대만에서 열린 '국제 장기 생태 연구망을 위한 학술 대회'에서 장기 생태 연구에 관한 한 아무것도 보여 줄 수 없었던 기억을 떠올리며 다가올 기회를 생각한다. 다행히 우리의 임업연구원에서도 이제 4개의 장기 생태 연구지를 운영하고 있다. 이에는 경기도 포천군에 있는 광릉 숲, 남해 금산, 강원도에 있는 계방산, 그리고 강원도 삼척에서 2000년에 산불이 났던 지역이 포함되어 있다. 여기서 수집될 자료들은 언젠가 숲을 관리하는 기초가 될 것이다. 그러나 강과 호수, 그리고 우리나라 삼면을 둘러싸고 있는 바다와 갯벌은 어떻게 할 것인가? 도시는 생태학의 영역 밖인가?

낙후된 이 땅의 생태학을 눈앞에 놓고 우선은 남의 것을 보면서 우리 것을 만들 궁리를 해야만 하는 처지에 있다. 그런 점에서 이 책이 이 땅에서 우리 생태학을 만들기 위해 더불어 의견을 나누고 일할 수 있는 분위기에 하나의 촉진제가 될 수 있길 빈다.

긴 역사에서 살아남기 위해서는 긴 안목을 가져야 하며, 긴 안목을 갖기 위해서는 보다 장기적인 추세를 보여 주는 자료가 있어야 한다. 그러기에 장기 생태 연구 성과물을 바탕으로 자연환경을 해석하고 가꾸어야 한다. 하지만 우리에게는 '장기'라고 할 수 있는 생태학적 자료가 아직은 없다. 생태학자로서는 부끄러운 노릇이기는 하지만 이제 법학자에 의해 다음과 같이 자연 생태계의 중요성이 인식될 정도로 우리 사회의 의식이 살아나고 있다는 사실이 약간의 희망을 주고 있을 뿐이다.

"대기와 수질, 폐기물 등 인간의 활동에 의해 오염되는 영역은 기술의 발전과 관리 개선으로 충분히 극복 가능하다. 그러나 자연 보존과 야생 동식물 보호, 생물 자원 보존 등의 자연 생태계는 사전 예방적 차원에서 관리해 주지 않으면 그 피해는 우리의 예상을 불허한다."[38]

여기서 대기와 수질, 폐기물 문제와 생물다양성 문제를 별개의 사항으로 보는 견해는 비판의 여지를 안고 있다. 그러나 지구상에서 사라진 생물과 자연 생태계는 영원히 제자리로 되돌려 놓을 수 없다는 생명의 비가역적 속성을 강조하는 부분은 내가 먼저 새겨들어야 할 교훈이다.

▼ 고구려의 영토와 우리 수도의 이전사.[39]

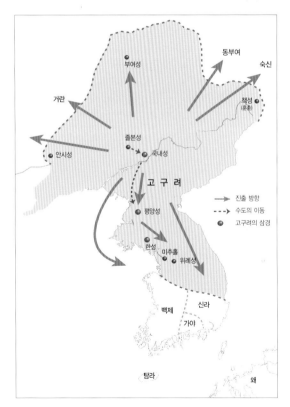

고구려 지도를 펼쳐 놓고 보면 수도가 국내성에서 시작하여 세월과 함께 남하하는 모습을 볼 수 있다. 이것은 바로 우리 민족의 기개가 줄어든 결과이기도 하다. 한번 가진 좁은 마음으로 좁은 땅에 가두어지면서 우리의 사고는 점점 위축되지 않았을까? 지도의 뒷면에 큰 땅을 잃고 작은 땅에 집착하는 사람들의 가련한 형상들이 겹쳐져 보인다. 천수만을 메워서 얻는 땅은 잃어버린 고구려 땅에 비하면 아무것도 아니다. 그런데도 이 땅의 위인들은 아직도 귀중한 습지를 메워 사유화하고는 지도를 바꾸었다고 큰소리친다. 진정 무지하기 때문에 나올 수 있는 용감한 모습이다.

지금도 우리는 우리의 생각을 이 땅에 가두어 두고 있지는 않은가? 이제 국경선의 개념을 무너뜨리는 데 앞장서야 할 주체는 우리와 같이 땅이 작은 나라에 사는 사람들일지도 모른다. 그러나 다만 경계를 허물면서 밀려오는 온갖 잡동사니들을 여과할 수 있는 정신적·문화적인 준비가 전제되어야 한다.

필경 가야 할 길은 커다란 인문(人文)을 구축하는 일이다. 그러나 인문은 자연의 지배를 받지 않을 수 없다. 독일이 위대한 음악가들을 낳을 수밖에 없었던 까닭은 비스마르크(Otto von Bismark, 1815~1898) 이래 가꾸어 온 훌륭한 숲에 있다는 주장은 예사로 들을 일이 아니다. 이 주장은 오스트리아 빈 대학교에서 공부를 하고 계명대학교에 자리를 잡은 김종원 교수에게서 들었다. 나중에 독일 숲의 변화와 관련하여 베를린 공과대학교에서 유학 중이던 박진호 군에게 부탁하여 아래와 같은 내용을 전해 들었다.

중세의 유럽 각국이 같은 처지였지만 그중에서도 특히 지방 제후들의 힘이 막강했던 지방 분권하의 독일에서, 숲은 영주의 소유였고 그의 사냥터였으며, 일반 민중은 숲에 함부로 들어갈 수 없었고, 사냥이나 벌목은 엄격히 통제되었다.

그러나 17~19세기에 유럽에 만연했던 제국주의와 그에 따른 식민지 정책은 독일의 숲 관리 정책에 변화를 가져왔다. 해외에 식민지를 개척하기 위해서는 많은 선박이 필요하였고 이에 따라 숲 파괴가 자연스럽게 진행되었다. 뒤늦게 산업화가 진행되어 유럽 각국보다 늦게 식민지 정책을 폈던 독일도 해외 시장 개척을 위해서는 많은 배가 필요하였고, 이와 함께 산업화와 목축의 성행, 그리고 네덜란드로의 목재 수출 등으로 숲 파괴가 급속히 진행되었다.

이에 따른 피해가 늘어남에 따라 독일의 각 제후들과 특히 독일 통일을 이룬 비스마르크 등은 숲 훼손 행위를 엄격히 통제하게 되었으며, 19세기 초반부터 100여 년 계획으로 파괴된 숲에 대한 복원 사업이 진행되었다. 그 당시 복원 사업에 학문적 뒷받침을 제공했던 임학자들은 파괴된 숲에 대하여 목재의 생산 가치가 높은 가문비나무, 전나무 등 바늘잎나무를 중심으로 한 단일 혹은 몇몇 수종으로 복원 사업을 할 것을 장려했다.

그러나 20세기에 들어서면서 단일 수종의 숲에서는 당연히 생물종 다양성이 줄어들어 병충해가 만연하고, 특히 산성비에 의한 숲 파괴에 취약하다는 생태학적 인식이 대두되었다. 그리하여 근래에는 숲의 복원 사업에 경관생태학자들이 대거 참여하게 되었고, 숲의 생태학적 기능을 유지하기 위한 여러 사업들이 연방 혹은 주정부의 지원으로 진행되고 있다.

안 되는 일은 아니련만 망가진 자연을 보고 자란 인물이 큰 인문을 세우는 일은 참으로 어렵다. 그런 점에서 속박과 전쟁, 그리고 가난의 고리로 피폐해진 '자연'과 '인성'을 동시에 되찾아야 하는 우리가 가야 할 길은 너무도 멀다. 군사 정권의 질곡은 그렇게 피폐해진 자연을 보고 자란 마음의 소지자들이 당연히 거쳐야 했던 과정일지도 모른다. 그렇다고 포기할 수는 없다. 차근차근 쌓아 나가면 결국 이루어지는 것이 또한 사람의 일이다. 앞날은 오로지 '지금 마음을 어떻게 다잡는가'에 달려 있다. 이제는 다음 단계로 가야 할 때도 되었다. ● ● ●

희망의 생태학

오늘날 인류가 맞서고 있는 환경 문제는 수많은 요소들을 동시에 안고 있는 점에서 통합성(integrative property) 또는 총체성(holistic property)이라는 특징을 가진다. 이 상황에서 인문 사회 과학이 특별히 생태학에 기대를 가지는 까닭은 아무래도 이 학문이 강조하는 이러한 특성 때문일 것이다. 수많은 자연과학 분야가 인간의 의식이 쉽게 납득할 수 있는 환원주의적 접근(reductionistic approach)에 총력을 기울이는 동안, 유독 생태학만은 유기적인 관계로 나타나는 특성에 힘겨운 희망을 걸고 있다.

1920년대 이후 유기체론(organicism)과 총체론(holism)은 같은 뜻으로 사용되고 있다. 총체론이 여전히 많이 사용되고 있지만 생물학에서는 유기체론이 더 자주 사용된다.[40] 1919년 리터(W.E. Ritter)가 유기체론이라는 말을 처음 사용했다. 전체(wholes)는 그들의 부분과 관계를 맺고 있으며, 전체의 존재는 부분들의 질서 정연한 협력과 상호 의존성에 의해서 유지될 뿐만 아니라 그 부분에 결정적인 통제를 작동시키고 있다.[41] 스머츠(J.S. Smuts)는 유기체에 대한 총체주의적 견해를 다음과 같이 설명했다.[42] 전체는 단순하지 않다. 조합성(composite)을 지니고 있으며, 부분들로 구성되어 있다. 유기체와 같이 자연적인 전체는 한 부류나 다른 것들이 활동적인 관계와 상호 작용을 하고 있는 많은 부분들로 이루어져 복합성 또는 조합성을 가지고 있다. 그리고 그 부분들 자체는 유기체 안의 세포처럼 전체성이 적다. 이 기술은 나중에 생물학자들에 의해 "전체는 부분의 합보다 크다(a whole is more than the sum of its parts)"라는 간략한 표현으로 압축되었다.[43]

어떤 수준에서 전체는 더 높은 수준의 부분이 된다. 전체와 부분은 물질로 된 실체이며, 통합(integration)은 부분들의 상호 관계로 생긴다.[44] 이처럼 총체론이 강조하는 상호 관계 또는 유기적인 관계에는 어떤 계 사이에 무언가 주고받는 흐름이 전제되어 있다. 그러면 주고받는 것은 무엇일까? 그것은 계와 계 사이를 옮겨 갈 수 있는 객체(object)이다. 이 객체에는 물질과 에너지 그리고 정보가 포함된다. 인간 생태계에서는 이들에 대한 반대급부로 지불되는 돈도 객체에 포함되며, 이것은 경제학이나 경영학 등의 사회과학에서 주로 다루어 왔다. 최근에는 연구 결과물을 바탕으로 진행되는 사업비 규모가 막대하거나 돈의 흐름 자체를 다루는 생태학 분야인 보존생태학과 복원생태학, 경관 생태학, 생태경제학 등이 형성되면서 돈의 흐름도 생태학의 영역에 포함되기 시작했다.

이제 "너와 내가 관계가 있다."는 말을 곰곰이 생각해 보라. 사람의 경우에는 물질과 에너지 그리고 돈이 옮겨 가지 않아도 관계성을 가질 수 있다. 그것은 무형의 정보가 사람 사이에 흐르고 있기 때문이다. 너와 내가 대화를 할 때 정보 교환을 통해서 관계를 가지는 것이다. 다른 생물의 관계에도 이런 무형의 정보가 작용하고 있으나 거의 연구된 경우가 없다.

오늘날의 생태학은 계와 계의 관계성을 밝히기 위해 주로 물질 부분을 뒤지고 있다. 먹이사슬이나 먹이그물이라는 말처럼 물질과 에너지의 흐름을 동시에 고려하는 경우도 있으나 생태계 구성 요소에서 에너지의 양을 측정하는 간편한 장치가 물질의 그것만큼 개발되지 않고 있다.

정보의 양과 질을 측정할 수 있는 개념과 장치 개발은 더욱 어려운 탓에 정보를 분석하는 생태학 연구는 거의 없다. 물질과 에너지 그리고 정보의 흐름과 밀접한 관계를 맺고 있는 돈의 흐름 문제도 남의 세상 일로 생각해 왔다.

이런 까닭에 유기적 관계성을 강조하는 총체주의적 접근은 개념의 역사가 결코 짧지 않음에도 불구하고, 실증적인 연구 방법들을 도출하지 못하면서 환원주의적 접근이 내놓는 연구 성과에 맞서지 못한 채 정책 입안자들의 구미를 당기지 못하고 있다.

유기적 관계를 얘기할 때는 직접적인 것 이상으로 간접적인 관계가 더 큰 의미를 가질 때가 있다. 이를테면 갑이 을에게 그리고 을이 병에게 영향을 주지만, 갑이 병에게 직접적인 영향을 주지 못한 경우를 고려해 보자. 갑이 을을 통해서 병에게 전해 주는 정보가 중대한 의사 결정에 큰 역할을 하다면 비록 갑이 병에게 직접적인 영향을 주지는 않지만 큰 의미가 있게 된다. 따라서 간접적인 영향을 통한 유기적 관계성을 규정하기 위해 앞으로 정보에 대한 개념의 성숙이 필요하다. 그 결과를 바탕으로 정보의 질과 양을 측정할 수 있는 장치가 개발되어 실증적인 자료를 모은 다음 그것을 반영할 수 있는 수준에 이를 때 생태학은 한 단계 더 성숙할 것이다.

유기체론의 다른 형태인 생기론의 근간이 되던 생기력(vital force)은 나중에 에너지라는 말로 대체되며,[45] 이는 객관성을 담보할 수 있는 측정 방법이 개발됨에 따라 보편적인 개념으로 자리 매김을 하게 된다. 오늘날 우리 문화에 큰 바탕을 이루고 있는 개념은 에너지이다. 우리가 사는 세상에서 봉착한 많은 일들이 에너지라는 개념을 없애 버리면 해결이 거의 불가능해질 정도로 되었으나, 너무도 익숙해져 우리는 그 사실을 쉽게 알지 못한다. 그런 한편 생기력은 에너지라는 말을 낳았고, 에너지를 객관적으로 측정할 수 있는 방법을 개발한 서양 과학과 그에 바탕한 문화가 20세기에 득세를 하게 되었다고 해도 과언이 아니다.

그러나 아직 총체주의에 바탕을 둔 개념들이 객관성을 가질 수 있는 방식을 찾지 못하고 있는 상태이지 영원히 불가능하다는 것은 아니다. 생기력에서 에너지라는 막강한 개념이 나왔듯이 언젠가 총체주의의 다른 개념들도 위기에 처한 인류 문명의 돌파구를 찾는 데 큰 몫을 할 수 있으리라는 희망은 아직 남아 있다. 현대 생물학의 주류가 분석주의로 가 버렸으나 생태학은 외롭게 총체주의를 주장하며 생물학 분야 안에 남아 있다. 그 신세를 벗어나야 새로운 길이 모색될지도 모른다.

언젠가 사회과학을 전공하는 분이 "생물학 중에서 유일하게 말이 통하는 분야가 생태학이다."라는 말씀을 하셨다. 생태학에 대해 긍정적인 마음의 표현으로 그런 말씀을 하셨지만, 듣기에 따라 생태학은 쉬운 학문이라는 뜻도 된다. 누구나 이해할 수 있는 공부는 전문 분야의 학문으로 되기는 어렵다. 어떤 학문 전공 분야에서 다른 분야 또는 일반 대중과 말이 통하는 영역은 대부분, 그 전공이 긴 세월 동안 구축한 개념의 깊숙한 위치라기보다는 약간은 비껴 있거나 쉽게 이해될 수 있도록 변형된 가장자리일 가능성이 크다. 학문이 사회에 공헌하기 위해서는 이처럼 가장자리 영역도 있어야 하지만, 그

202

가장자리를 잉태시키고 또 유지시킬 수 있는 그 학문만의 알맹이가 반드시 있어야 한다.

언젠가 생태학이 환경 문제에 실마리를 제공하는 데 앞장설 것이라 믿는다면 그 가장 큰 까닭은, 생태학이 자연과학에서 출발하였으나 인문 사회학자들과 교류할 수 있는 열린 태도를 가지고 있어, 자연과 인간을 통합할 여지가 있기 때문이다. 그러나 지금의 생태학은 통합 학문임을 주장하면서 불확실성이 큰 힘겨운 대상을 두드리고 있다. 이 불확실성은 현대 과학의 속성에 익숙한 많은 사람들로부터 신뢰성을 얻는 데는 방해 요소로 작용하고 있다.

우리가 아는 바와 같이 복잡하지 않은 대상은 그것에 대한 의견의 일치를 쉽게 볼 수 있으나, 복잡한 문제는 어느 방향에서 보느냐에 따라 다른 모습으로 나타날 수밖에 없다. 이 불확실성을 요리할 수 있는 개념을 발굴해야 하는 생태학이 가야 할 길은 아직 멀다.

앞에서 살펴본 바와 같이 복잡성을 안고 있는 환경 문제가 에너지, 물질 그리고 정보의 분포 특성과 어떤 관계가 있다면, 생태학은 그것을 통합하여 특성을 규명할 수 있는 새로운 개념과 방법을 개발하는 데 통합자로서의 구실을 해야 할 것이다. 그 통합에는 물질 정보와 유전 정보 그리고 '문화 정보'가 포괄되어야 한다. 그래야만 생태학은 유전 정보에서 모든 실마리를 풀어내려고 하는 오늘날의 생물학과 차별성을 가질 수 있고 생물학이 가진 한계를 극복할 수 있다. 인간의 환경이란 다른 생물들의 유전 정보뿐만 아니라 물질과 문화를 모두 포함하기 때문이다. ▪

신토불이와 세계화

다른 사람들과 얼굴을 맞대고 관계를 가지며 정보를 교환하는 시간
과 나 혼자만이 할 수 있는 사색의 시간을 적절하게 안배하는 일이
그렇게 간단하지는 않다. 그럼에도 불구하고 연구실에서 부대끼는
마음 때문에 나는 혼자 여행 떠나기를 좋아한다. 짧게는 나를 알아
볼 수 있는 사람이 거의 없는 우리의 산으로 간다. 길게는 외국의 대
학교에서 몇 주일이 넘는 기간을 혼자 지내 보기도 한다. 이 글도 여
름 방학을 이용하여 몬태나 대학교에서 다듬고 있다. 몬태나, 한때
「흐르는 강물처럼」이라는 감미로운 영화의 배경지이기도 했던 미줄
라, 매우 한적하고 마음 편한 곳이다.

그러나 나이가 들어가는 탓일까? 내가 자란 땅을 벗어나 있을수
록 우리 것에 대한 그리움과 긍정의 마음은 자꾸만 돋아난다. 잃어
버린 옛것에 대한 향수는 새록새록 커지고 있다. 세대와 세대를 거
치는 동안 문화를 내장한 유전자가 전달된 것일까? 뒤돌아보니 지금
까지 이 책에서 소개한 내용 중에도 그런 마음이 나타나 있다. '백두
대간' 이라는 단어에서 유역 개념을 읽어 내려는 시각도, 남아 있는
강가의 숲띠나 뒤란의 대숲에서 식생 완충대의 기능을 확인하려는
태도도 그러했고, 제주도의 촘에 생지화학적 의미를 두려 했던 해석
도 바로 그런 것이었다. 2001년에 서울대학교출판부에서 『경관생태

학』책을 내면서도 그러한 마음을 가졌고, 마침내 지금은 '한국학 장기 기초 연구'라는 서울대학교의 연구비 지원으로 '전통 생태'라는 주제를 다루게 되었다.[46] 이 과정에 몇 가지 재미있는 사실들도 발견하게 되었다. 앞서 소개된 것들을 포함하여 이 주제에 관한 내용도 머지않아 한 권의 단행본으로 묶을 예정이다.

그런 까닭인지 서울대학교의 지원으로 1998년 가을 버클리에서 연구년을 가지는 동안 『불교와 생태학(Buddhism and Ecology)』이라는 책을 손에 쥐게 되었다.[47] 10년도 한참 넘는 세월 전에 정말 아무것도 모르는 중에 문득 내 마지막 공부는 원효 스님의 생각을 생태학적으로 해석해 보는 것으로 하겠다는 막연한 다짐을 했다. 이 희망 또한 일찍이 꿈꾸었던, 인류 전체 역사를 신화로 엮어 보는 대서사시의 집필처럼 솔직히 말해서 이루어질지 장담할 수 없는 일이다. 아무튼 하버드 대학교 세계종교연구소에서 나온 그 책과 인연을 가지게 된 것은 그런 희망과 무관하지 않을 것이다. 그러나 슬프게도 그 책에는 한국의 불교에 대해서는 한 줄도 나와 있지 않다. 인도와 미얀마, 태국, 중국, 그리고 일본의 불교에 대해서는 많은 부분을 할애해 놓고는 내가 자란 땅에서 꽃피운 불교 얘기는 한마디도 없다. 한문으로 적어 놓으면 내 이름과 꼭 같은 13세기 일본의 선사 도겐[道元]의 행적도 그 책에 있다. 그러나 내가 존경하는 원효의 얘기는 한마디도 없다. 이 땅의 불자들과 그 불자들의 행적을 연구하는 학자들이 영어로 우리 것을 소개하는 일에 소홀한 탓이었으리라.[48]

스스로 만든 작품을 세상에 공개한 다음 그것이 잘못 되었다고 말하는 사람은 드물다. 그러기에 자기 것에 대한 애착은 본능에 가까울 정도로 당연한 것이다. 아주 당연한 것은 굳이 말하지 않아도 된다. 하지만 "우리 것은 좋은 것이야."라고 갓 쓴 분이 외치는 선전

문구나, 『나는 내 것이 아름답다』는 혜곡 최순우 선생의 책 제목에서는 어쩐지 국수주의 냄새가 난다. 이 나라에 만연했던 사대주의를 지나치게 의식하는 탓이 아닐까?

"우리가 알고 있는 것보다는 역시 우리 것은 좋은 것이야."라고 하면 문제가 없다. 그러나 "남의 것보다 우리 것은 좋은 것이야."라고 하면 곤란하다. 선전을 위한 구호로는 어쩔 수 없으나 그 표현에는 이미 보편성이 결여되어 있다. 굳이 남을 폄하하는 말을 쓰지 않으나 결국은 어떤 논리도 없이 내 것이 낫다는 말은 서글픈 마음이 들게 한다.

'신토불이(身土不二)'라는 말이 그저, 흙에서 나온 음식물을 먹고 몸이 이루어지니 그것들이 한 묶음이라는 정도로 끝나면 좋겠다. 그러나 우리 농산물 이용 확대를 위해 나온 구호라면, 뜻하는 바는 그것만이 아니다. 이 땅에서 자란 몸은 이 땅에서 자란 음식물을 먹어야 한다는 암시를 포함하고 있다. '지금까지 먹었던 대로 먹어야 한다'는 말이니 '변화를 거부하라'는 뜻이기도 하다.

만약 그렇다면 이 말을 앞세우는 사람이 우리 농산물을 외국에 수출하는 일은 모순을 안게 된다. 수출이란 이미 남들에게 우리 것을 먹거나 사용하도록 하는 것이다. 그들로 하여금 그들 것이 아닌 것을 은연중에 떠맡기는 태도이니 신토불이라는 말과는 앞뒤가 맞지 않는다. 그리고 이 땅에 태어나 세계화를 꿈꾸며 바다를 건너간 사람들은 이제 남이라는 말인가? 그들의 몸은 남의 땅에서 키운 먹을거리로 자랐으니 이제 우리가 아니라는 말이 된다. 일제의 압박을 피해 중국이나 일본, 러시아로 가서 정착한 사람들은 무엇을 먹어야 우리일까?

우리 것을 지키기 위해 남의 것에 대해 거부하는 마음을 키우는 구호들은 곤란하다. 그것들은 우리 마음에 닫힘을 안겨 주기도 한다. 바로 이런 태도 때문에 외국에 나가서도 외국 음식과 문화에 적응하는 데 시간이 걸리는 민족이 되었는지 모른다. 우리 문화를 간직하되 남의 것도 인정하고 또 융화할 수 있는 자세가 절실하게 필요한 시대이다. 아무리 구호를 외쳐도 정신적으로, 기술적으로 살아 있는 지식만이 변모하는 세계에서 살아남는다.[19]

이제 나와 너를 아우르는 새로운 개념이 필요하다. 일본의 압박을 피해 이 땅을 떠난 그들을 우리가 아니라고 할 수 없다. 세계화를 애기하자면, 노란 머리, 까만 피부의 사람들은 우리가 아니라는 생각을 버려야 하리라. 단지 서로 다른 속성을 지닌 다양성이 모여서 우리가 이루어진다. 내 것이 좋음은 지극히 당연한 상식이니 그 상식을 굳이 강조할 필요가 없다. 우리 전통을 무시하는 세상의 소치를 모르는 바 아니지만 구호로 해결될 문제는 결코 아니다.

조상들이 전통적으로 가졌던 생각의 일부는 이렇게 빠르게 변하고 있는 세상에서 더 이상 선택될 수 없을 것이다. 그러나 파묻혀 버린 일부에는 지금 와서 끄집어 내놓아야 더 빛을 발휘하는 보물도 있으리라. 감히 국수적인 마음을 던져 버리고, 전통을 살려 세계적인 개념으로 발전시킬 수 있을까? 힘든 작업일망정 한번 시도해 볼 만한 가치는 분명히 있다. ● ● ●

생태계의 정보

생태계의 구성 요소로서 생물계의 많은 정보는 유전자에 들어 있는 내용이다. 물론 생태학에서 다루는 내용도 생태계의 정보이다. 동물의 행동생태학은 학습을 통해서 세대 사이에 전달되는 정보를 다루고 있지만 유전 정보에 비해서 아직 연구된 내용이 빈약하다. 우리가 교육의 의의를 이해하는 만큼 유전 정보와 다른 형태의 정보가 생태계의 운명에 지대한 영향을 주는 것은 분명하다.

지금의 어떤 생태계에서 모든 유전자를 남기고 생명 활동을 일시적으로 정지시키는 경우를 상상해 보자. 몇 년 후 남겨 둔 모든 유전자가 발현된다고 하더라도 소위 야생성을 상실한 생물 요소들로는 결코 생태계를 복원할 수 없다.

과거 용인 자연농원에서 인공 부화한 천연기념물 재두루미가 민통선 부근에 방생된 지 3일 만인 1995년 2월 23일 생존 기능의 약화로 트럭에 받혀 죽은 경우는 이러한 예측을 확연하게 보여 준다.[50] 미국 뉴멕시코 주 보스크델 아파치 보전 구역에서 수행했던, 캐나다두루미(sandhill crane)의 둥우리에 미국흰두루미(whooping crane)의 알을 추가로 넣어 부화시킨 실험적인 보전 전략도 좋은 사례가 된다. 미국흰두루미는 건강하게 자라 어미 새가 되었다. 그러나 다른 어미와 짝을 이루어 자신의 새끼를 키우지 못했다.[51] 새끼를 키우는 데 필요한 정보를 자신의 어미로부터 물려 받지 못했기 때문이다. 이것은 미국흰두루미의 고유한 비전(秘傳)이 우리 눈으로 보기에 한 부류인 캐나다두루미와 다르다는 것을 의미한다.

이와 같이 야생성을 유지하여 세대와 세대 사이에 정보를 전달하고 그 정보를 활용하는 훈련 과정이 보전되지 않으면 생태계의 기능을 유지할 수 없다. 이것이 바로 우리가 생물다양성 보전을 위해서 생태계 보전을 강조하는 이유이다. 유전자와 생물종 보전만으로는 정보 전달과 가공, 그리고 이용을 위한 훈련 과정이 보장되지 않기 때문이다.

철창을 쥐고 흔들어 보다 얼마나 절망했을 것인가
길들여지지 않으면 살아남을 수 없다고
우리에서 벗어날 수 있는 길은 이제 없다고
서서히 죽어가는 야성의 크기와 바꾸는
몇 덩이의 고기를 찢어 입에 넣으며
그래도 살아 있는 동안은 배를 채우고
짝짓기를 하고 그렇게 살아야 한다고
얼마나 자신을 달랬을 것인가
— 도종환, 「서커스 사자」, 시집 『슬픔의 뿌리』에서

적어도 내가 바라는 자연은 길들여진 사자가 아니라 '야성을 지닌 삶'이다. 그것은 유전자를 간직한 사자의 몸뚱이와 그들이 살아가며 기대야 하는 산 것과 죽은 것들 모두를 합친 것이다. 야성을 상실한 사자는 별로다. 엄밀한 의미에서 그들은 더 이상 사자가 아니다. 없는 것보다 나을 수 있을지 모르지만 그것은 진정한 자연이 아니다. 야성이란 현장에서 익힌 그들의 문화 정보의 산물이다. 그 문화는 생물의 유전 정보만으로 어쩔 수 있는 것이 아니다.

자연 정보와 관련된 원리는 생태계 현상을 만족스럽게 설명할 수 있을 만큼 아직 충분히 정립되지 않은 상태다. 다만 에너지와 물질의 보존 법칙은 성립하지만 정보 보존 법칙은 성립하지 않는다는 정도만 알고 있다. 예를 들면 내가 가진 사과(물질의 일종) 하나와 지식(정보의

일종)을 두 사람 이상이 공유하는 경우를 비교해 보자. 사과는 그 일부를 할애해야 하므로 나누어야 하지만 지식은 그럴 필요가 없다.

물질과 달리 정보는 공유하는 과정에서 증폭될 수 있다. 또한 인간 문명에 작용하는 에너지 형태의 대부분이 이동할 때 물질의 이동을 동반해야 함으로써 문제를 야기하는 반면, 정보 이동은 물질이 매개하지만 반드시 동반하지 않아도 일어난다. 정보화 시대에 정보의 증폭 특성과, 물질을 반드시 동반하지 않아도 되는 이동 특성이 에너지와 물질에 기반을 둔 현대 문명의 한계를 극복하는 데 중추적인 역할을 하리라 기대한다.

나는 멀지 않은 장래에 정보 원리를 확립하고 그 원리를 이용하여 생태계 현상을 규명하고자 하는 정보생태학이 출현할 것이라 예상했다. 세상에는 이미 정보생태학에 관한 책이 나왔다. 그것은 정보 관리를 중심으로 정리된 내용을 주로 포함하고 있다.[52] 최근에 나온 다른 책에서는 정보생태학을 '특수한 환경에서 사람과 실행(practices), 가치 그리고 기술이 이루는 하나의 체계'로 정의하며 사람과 기술의 관계에 역점을 두고 있다.[53] 이 책들은 어쩌면 정보생태학의 필요성을 인식하는 출발점일 것이다. 그러나 자연 및 인간 생태계에서 일어나는 정보 흐름의 속성을 포괄적으로 다루지는 못하고 있다는 점에서 정보생태학에 대한 필자의 기대에는 미치지 못하고 있다. 主

주(註)

제4부

1) 황기원(1995).

2) 석유나 석탄과 같은 화석 연료는 오래전에 광합성으로 생산된 유기물이 지질학 적으로 변형된 것이다.

3) Georgescu-Roegen(1977).

4) Odum & Odum(1981)을 참고하여 다시 그림.

5) 서울시 관악구 봉천동 관악구청 앞길에서 2002년 11월 7일 찍음.

6) 서울시 관악구 봉천7동 교수아파트 앞길에서 1997년 10월 24일 찍음.

7) 생각해 보기: 세계 각국 주민의 도시 낙엽에 대한 인식, 단위 면적당 낙엽 생산 량, 낙엽 처리 방법과 처리 비용을 비교해 보자. 처리 방법에 따른 토양 유기물 함량과 지하수 충원량을 비교할 수 있는 컴퓨터 모의는 가능할까?

8) 각각 1995년 11월 19일, 2002년 4월 11일, 2000년 8월 16일에 찍음.

9) 강원도 양양군 강현면 전진리 의상대 부근의 같은 장소에서 각각 1997년 6월 16 일과 2002년 11월 24일 찍음.

10) 1994년 2월 11일에 찍음.

11) 미국 몬태나 대학교와 위스콘신 주 매디슨에서 각각 2002년 8월 4일과 2001년 8월 9일 찍음.

12) 이 글은 1996년 4월 23일 강원도 고성에서 큰불이 난 다음 《한겨레신문》에 게 재했던 내용을 몇 차례에 걸쳐 수정한 것이다. 2000년 산불이 난 다음 강원대학 교 정연숙 교수는 환경부의 지원으로 1년 8개월 동안 인공 조림한 지역과 그대 로 둔 지역의 생태적 특성을 비교하여 전자가 월등하게 좋은 복원력을 보인다는 사실을 발표했다. 2003년 1월 15일자 《대한매일》과 《동아일보》 기사 참조.

13) 옐로스톤 공원의 경우는 1988년 봄에 자연 발화하여 10월 초에 진화되었으며

사진은 2002년 7월 28일 찍음. 강원도 삼척에서 2000년 4월에 불이 나고 진화되었으며 사진은 2002년 5월 26일 찍음.

14) 강원대학교 이규송 교수 제공.

15) 경기도 광주군 도척면 궁평리 노곡천에서 1997년 3월 21일 찍음.

16) Emmerich & Cox(1994)에서 일부 자료를 발췌하여 그래프로 그림.

17) 각각 경기도 포천군 광릉숲과 강원도 인제군 상남면 미교리 행치령에서 1996년 3월 8일과 2002년 10월 19일 찍음.

18) Swank & Douglas(1974).

19) 엽면적지수 또는 잎면적지수(leaf area index)는 넓은잎나무숲의 경우는 토지 단위 면적(보통 1평방미터) 위에 있는 잎의 한쪽 면적을 모두 합친 값 또는 전체 면적의 반에 해당하는 값이며, 바늘잎나무숲의 경우는 잎 각각을 수평으로 놓고 빛을 투사하여 생기는 그림자 면적을 모두 합친 값과 같다. 녹지에서 광합성을 하는 양은 잎이 빛을 흡수하는 양에 비례하는데 이는 엽면적지수와 밀접한 관계를 가지고 있다. 또한 비가 올 때 식물 잎에 차단되는 물의 양도 이 값에 비례한다. 이를테면 이 값이 큰 유역에서는 잎에 의해 차단되는 빗물의 양과 증발산량이 크기 때문에 하천으로 이동하는 지표 유출수량이 줄어드는 경향이 있다. 따라서 엽면적지수는 숲의 연간 광합성을 추정하거나 지표 유출수 발생량을 추정하는 데 매우 중요한 변수이다. 이 변수를 측정하는 방식은 여러 가지가 있고, 최근에는 인공위성 영상으로부터 광범위한 지역의 공간 분포를 추정하려고 노력하고 있다.

20) 산림청 사진. 국민대학교 전영우 교수 제공.

21) van Wilgen(1996).

22) Forman(1995, 197쪽).

23) 서울대학교에서 1997년 10월 24일 찍음.

24) 일본 동경 강동구 大島 小松川公園에서 1997년 5월 15일 백명수 찍음.

25) 영국 하펜덴에서 1994년 7월 2일 찍음.

26) 영국 중서부 코벤트리 부근 로열쇼에서 1994년 7월 6일 찍음.

27) 영국 하펜던에서 1994년 7월 27일 찍음.

28) Wegner & Merriam(1979).

29) 영국 중서부 코벤트리 부근 로열쇼에서 1994년 7월 6일 찍음.

30) 전남 담양군 명옥헌 부근에서 1997년 7월 21일, 경북 세종대왕 왕자 태실 앞에서 2002년 10월 15일 찍음.

31) 대구시는 시민 단체와 손잡고 여러 가지 사업을 추진했는데 1998년부터 시작

된 '담장 허물기 운동'도 민관 협력으로 이루어진 성공적인 사업의 사례이다. 《대한매일》 2002년 10월 28일자 기사.

32) 서울시에서 2002년 10월 13일 찍음.

33) 2003년 1월 3일 박찬열 찍음.

34) 효빈(效嚬)이란 '코를 찡그리다'는 뜻이다.

35) 이도원(1994).

36) 1998년 11월 9일 찍음.

37) 과도한 스키장 건립에 따르는 문제점은 내가 먼저 본 것이 아니다. 계명대학교 생물학과 김종원 교수가 오래전에 언급한 부분으로 지금쯤 많은 분들이 공감하면서도 정책 과정에서는 반영되지 못하고 있는 요소가 아닐까 생각한다. 덕유산과 발왕산이 무너질 때까지 나는 사람들을 설득시킬 논리를 충분히 갖추지 못하고 있는 것이 참으로 부끄럽다. 1996년 1월 1일 노융희 교수님 댁을 들렸을 때 그분이 내 무능을 가만히 말씀하셨지만 나는 아직 행동으로 옮길 만큼 학문적으로 단단하지 못하다. 과연 얼마나 공부를 해야 내 목소리에 자신이 담기게 되는 것일까? 아니면 나는 본질적으로 소심한 것일까? 용기 있는 자만이 때와 시기를 안다고 했다.

38) 전북 무주군 무주리조트에서 2001년 9월 9일 찍음.

39) 강원대학교 김범철 교수 개인 제공.

40) 이 약조는 지켜져 나중에 우리 연구실에서 공부를 한 강호정과 구희승이 각각 3개월 동안 방문 실험을 할 수 있었다. 강호정은 그 인연으로 연구소와 협력 관계에 있는 북웨일스 대학교에서 박사학위를 받았으며, 이화여자대학교 환경학과에 자리를 잡았다. 그는 지구온난화와 관련된 이산화탄소 연구를 소개하면서 육상생태연구소의 장치를 사진 자료로 사용하기도 했다. 강호정(2002) 참조.

41) 옐로스톤 자연학습원 탐방기는 당초에 이 책의 부록에 실을 예정이었으나 분량이 너무 많아 제외했다.

42) 1994년 9월 4일 찍음.

43) 조석필의 『태백산맥은 없다』(1997)라는 책에는 백두대간에 대한 고민과 연구로 여기서 언급하는 의견보다 훨씬 실증적인 내용이 담겨 있다. 그러나 '없다'라는 부정적인 제목을 붙여야 하는 저자의 마음은 이해하지만, 언젠가 그러한 마음이 이 땅에서 없어도 되는 상황이 도래하기를 고대한다.

44) 일부 큰 포식성 동물은 계곡이나 능선을 따라 이동하기를 좋아한다(Beier 1995).

45) 이우형 제공.

46) 이도원(2001); Lee 등(2003).

47) 한영우 등(1999) 참조.

48) 이도원(2001).

49) 황기원(1995).

50) Hewlett(1982)와 Pulliam & Johnson(2002)을 참고로 이지은과 유지원이 그림.

51) 주남철(1999, 22쪽).

52) 서울특별시사편찬위원회(1997, 88쪽, 146쪽)에서 재인용.

53) 경북 김천시 구성면 상원리 원터마을에는 원래 4개의 우물을 중심으로 4개의 반(班)이 나누어졌다고 하는데 이는 우물 중심으로 마을의 구성단위가 이루어지고, 같은 반에 속하는 부녀자의 만남과 정보 교환이 이루어졌을 것임을 의미한다(한필원 1996).

54) 전북 남원군 운봉면 주촌리 가재마을에서 2001년 8월 18일 찍음.

55) 국립중앙도서관 소장, 이찬(1991)에서 인용.

56) 경북 문경시 마원2리는 2000년 9월 13일에, 강원도 인제군 상남면 후평리는 2002년 12월 28일에 찍음.

57) 전남 순천시 낙안읍성에서 2002년 5월 5일 찍음.

58) 히구치(樋口廣芳) 교수는, 나중에 보전과 보존이라는 용어 문제에 대한 필자의 견해를 피력할 때 잠깐 언급할 동경대학교 교수로 동경대학교출판부에서 『보전생물학』이라는 책을 발간했다.

59) 2002년 8월 8일 찍음.

60) 까마귀가 병에 들어 있는 먹이를 끄집어내기 위해 철사를 꾸부려서 사용하는 실험은 《동아일보》 2002년 8월 26일자 '신동호 기자의 과학으로 본 세상'에서 소개하고 있다.

61) Running & Coughlan(1988).

62) Waring & Running(1998).

63) 미국과학재단이 대규모로 지원하는 생물복합성(biocomplexity) 연구 과제에 대해서는 이도원(2002a)에 소개되어 있다.

64) 나는 교수를 학생이라는 상품을 만드는 사업가에 비유한다. 상품을 잘 만드는 사업가와 상품에 대한 시장 전략을 잘 구사하는 서로 다른 사업가가 있다면, 내 소양은 전자에 가깝다고 스스로 규정하고 있다. 그래서 학생들에게 내가 후자의 소질이 없기 때문에 나와 인연을 가지면 스스로 좋은 상품이 되도록 요구한다.

65) 조영이 씨는 'Numerical Terradynamic Simulation Group'이라 부르는 몬태나대학교 산림대학의 러닝 교수 연구팀에서 행정 관련 업무를 맡고 있는 한국계 미국인 여성의 이름이다.

66) 좀 더 자세히는 에디 공분산 유동탑(eddy covariance flux tower)이라고 부르며, 흔히 생태계에서 높이에 따라 에너지와 물, 기체형의 물질이 유동하는 양을 측정하는 장치를 부착하도록 설립된 탑을 말한다. 이에 대해서는 나중에 따로 보기 19 '가벼워지는 지구' 에서 좀 더 자세히 설명한다.

67) 모디스(MODIS)는 'Moderate Resolution Imaging Spectroradiometer' 의 약자로서 미항공우주국(NASA)에서 관리하는 인공인성을 이용하여 촬영하고 있는 해상력 250, 500, 1000미터의 영상 자료를 말한다. http://modis.gsfc.nasa.gov/ 참조.

68) 이도원(2002a), Gewin(2002), Nee(2002).

69) 미국 오리건 주립대학교의 Dr. Warren Cohen 제공.
http://www.fsl.orst.edu/larse/bigfoot/ 참조. 그림 아래 부분의 탑은 유동탑이며, 나중에 따로 보기 19 '가벼워지는 지구' 에서 다시 설명할 기회가 있다.

제5부

1) 몽테스키외의 말. 전경수(1994, 91쪽)에서 재인용.

2) Huston(1979), Begon 등(1986).

3) Smith(1992).

4) 이도원 등(2001).

5) 이도원 등(2001), Odum & Biever(1984).

6) 이 생각은 1982년 석사학위 논문을 쓸 때 시작되었다. 이러한 내 사유가 구체성을 가지지 못하고 어물거리고 있는 동안에 바다로부터 섬으로 많은 에너지와 물질이 이동하는 현상이 다른 논문에서 발표되었다(Polis & Hurd 1996). 그러나 그 논문에서도 다양한 먹이사슬을 따라 흘러가는 측면은 고려하지 않았다.

7) 1, 2는 각각 경남 고성군 고성읍 덕선리에서 1993년 6월 21일, 1989년 10월, 3은 서울시 관악구 봉천동 관악산에서 1994년 9월 4일, 4는 강원도 영월군 천령포에서 1997년 6월 15일 찍음.

8) Lee(1996, 수정).

9) 경남 고성군 고성읍 덕선리에서 1999년 7월 19일, 1993년 12월 19일 찍음.

10) Paige & Thomas(1987).

11) Newman(1991).

12) 전 세계에는 약 2,000종의 반딧불이가 있고, 우리나라에서는 8종이 서식하는 것으로 확인되었다. 큰흑갈색반딧불이, 파파리반딧불이, 애반딧불이, 운문산반딧불이, 북방반딧불이, 왕꽃반딧불이, 꽃반딧불이, 그리고 늦반딧불이다. 늦반

딧불이는 습기가 많은 땅에서 살고, 돌 밑이나 풀숲에 알을 낳는다. 알에서 깨어
난 애벌레는 달팽이나 고동류를 먹으며 자란다. 반딧불이 중에서 논과 깊은 관
계를 맺어 온 종은 애반딧불이라 불리는 종이다. 흔히 애반딧불이가 흐르는 계
류에 산다고 아는 이들이 많은데 이는 반딧불이의 초기 연구에서 일본산 반딧불
이에 대한 정보를 잘못 들여오기 시작하여 벌어진 잘못이다. 애반딧불이는 논과
같은 고인 물을 좋아하고 계류의 다슬기보다는 잼물우렁과 같은 물달팽이류를
먹이로 선호한다. 이 때문에 애반딧불이는 반딧불이 중에서도 논농사라고 하는
오랜 인공 생태계 관리와 특수한 관계를 맺어 온 곤충이다(박해철 미발표 자료).

13) Wilson 등(1998).

14) 2002년 5월 4일 찍음.

15) Pulliam(1988), 이도원(2001).

16) 문화와 학문을 포함하는 무형 요소의 다양성은 이미 많은 인문사회과학 분야
에서 다루었을 것으로 짐작한다. 시간의 역사와 함께 다양한 요소들에는 선택의
손길이 어쩔 수 없이 작용하고 있다. 그런 의미에서 조지 바살라의 책『기술의
진화』는 지극히 많은 다양성 중의 하나를 다룬 내용이며 전혀 새로운 발상은 아
니다. 좀 더 틀을 갖추어 분석하고 해석한 점은 본받을 만하다.

17) 이상의 글은 《성서와 함께》(1996/5호)에 게재된 다음 수정 보완하였다(이도원
1996).

18) van Wilgen 등(1996).

19) 지금의 아까시나무 처지를 보면 중국의『초한지(楚漢誌)』에 나오는 한신이 생각
난다. 그는 유방을 도와 항우와 싸워 이긴 다음 나중에 버림을 받았다. "날쌘 토
끼가 잡히면 그것을 쫓던 개는 삶아 먹히고, 새가 없어지면 좋은 활은 치워 버린
다. …… 또 적국이 망하면 지모 있는 신하는 죽는다 하더니 천하가 평정된 이제
내가 잡혀 죽게 되는 것은 당연한 일이로다."라고 말하여 사기의『회음후전』(회
음후(淮陰侯)는 한신이 왕에서 강등되어 말년에 가졌던 벼슬이다)에 토사구팽(兎死狗烹)
이라는 고사성어를 남겼다. 사방 공사를 해야 할 어려운 시기에 끈질긴 생명력
을 가진 아까시나무의 덕을 본 사람들은 이제 도리어 그 나무의 극성을 싫어한
다. "아카시아 흰 꽃이 바람에 날리니 고향에도 지금쯤 뻐꾹새 울겠네."라는 어
린 날의 노래처럼 우리 경관에 긍정적인 요소로 자리 잡은 나무를 지나치게 미
워하는 것은 아닌지? 비록 말없는 나무지만 사람들이 얼마나 원망스러울까? 모
진 나무의 덕을 보기 전에 장래의 관계까지 배려할 여유가 없었던 데서 문제는
이미 잉태되어 있었다는 사실을 교훈으로 삼아야 할 것이다. 일본에서는 지난
46년 동안 아까시나무가 하천 주변의 식생 다양성을 높이는 데 공헌을 했지만

216

앞으로 역작용이 나타날 것이라는 분석을 한 논문도 있다(Maekawa & Nakagoshi 1997).

20) Miller(1992).

21) 생물권 건립과 관련된 내용은 《과학동아》 1992년 3월호에 소개한 바 있으며, 이 글은 건립한 다음 발생한 문제를 중심으로 1993년 4월호에 발표한 내용을 약간 수정한 것임을 밝혀 둔다(이도원 1992, 1993).

22) 이도원 등(2001)에서 인용. http://www.bio2.com/ 참조.

23) Odum & Odum(1981)을 참고로 다시 그림.

24) Brady &Weil(2002).

25) 각각 1994년 7월 22일과 1997년 7월 4일 찍음.

26) 지구에서 생물은 산소 우물의 바닥에 살고 있어 윗부분부터 산소가 서서히 줄어들고 있는 상황을 인식하지 못하고 있다는 비유도 있다(유상구 1998).

27) 이도원 등(2001). 최근의 연구는 27.5 내지 30.0억 년 전 산소를 생산하는 시아노박테리아가 지구에 출현 다음에도 원시 바다에 생물이 이용할 수 있는 형태의 인(orthophosphate)이 부족했던 탓에 광합성이 제한되어 대기의 산소가 증가되는 데 오랜 기간이 걸렸다고 한다(Hayes 2002, Bjerrum & Canfield 2002). 이러한 사실은 생물 활동에 필요한 원소들의 균형이 생태계 유지를 위해 매우 중요함을 의미한다.

28) 안동만(2001, 105쪽) 인용.

29) 이도원 등(2001).

30) Lee 등(2002b).

31) 이는 위의 표에서 화석 연료와 시멘트 사용으로 방출되는 값이 1995년 이후 증가했다는 뜻도 포함되어 있다.

32) 2003년 2월 11일 임종환 찍음. 광릉 유동탑에 대한 설명은 Lee 등(2002a) 참조.

33) 미국 콜로라도 단신초지 장기 생태 연구지(shortgrass long-term ecological research area)에서 1999년 8월 17일 찍음.

34) 백두산 부근 중국 이도백하에서 1999년 7월 3일 찍음.

35) 이 글은 Landsberg & Gower(1997)의 일부 내용을 수정하여 작성했다.

36) 여기서 순 생태계 생산량(net ecosystem production, NEP)은 순 일차 생산량 중에서 동물과 미생물을 포함하는 종속 영양 생물들이 소비하고 남는 양을 말한다. 이는 어떤 생태계의 단위 면적(물의 경우에는 단위 부피)에서 일정 기간(보통 1년)에 축적한 유기물의 양을 의미하며, 그 값이 양의 값이면 대기로부터 이산화탄소를 흡수한 경우를, 그리고 음의 값을 가지면 방출한 경우를 의미한다. 그러나 최근에는 순 일차 생산성 중에서 동식물의 호흡뿐만 아니라 물에 의해서 하천으로

주(註) 217

이동되어 유실된 부분과 산불이나 인위적 교란 등에 의해서 손실된 부분까지 제외한 양을 순 생태계 생산량으로 정의하는 것이 더 의미 있다는 주장도 있다 (Randerson 등 2002).

37) 이도원 등(2001).

38) 이도원 등(2001).

39) 여러 자료를 참고로 그림. 이도원(2001) 참조.

40) 부산대학교 생물학과 주기재 교수 개인 의견.

41) Zonneveld(1995).

42) 구미에서도 독일어 'Landschaft'를 'landscape'로 옮겨, 경치 또는 풍경이라는 의미와 혼동하는 경우가 많다(Zonneveld 1995). 따라서 land ecology(토지생태학)와 함께 spatial ecology(공간생태학), regional ecology(광역생태학)이라는 용어를 'landscape ecology' 대신 사용하자는 주장도 있다. 한편 광역생태학은 경관생태학과 공유하는 내용이 많지만 경관보다 더 큰 단위인 지역을 대상으로 하고 있는 까닭에 구별하기도 한다(Forman 1995).

43) Malanson(1993).

44) 이도원(2001a).

45) Schreider(1990). 경관생태학은 근래에 발달하고 있는 컴퓨터 프로그램과 원격 탐사, 지리 정보 체계, 모형, 프랙털, 침투 이론(percolation theory), 위계 이론 등으로 무장하여 경관의 구조적 기능적 관계 규명에 힘을 쓰고 있다(이도원 2001).

46) 이도원(2001).

47) 미국 덴버에서 샌프란시스코 가는 비행기에서 2000년 8월 6일 찍음.

48) Forman(1995), Drmstad 등(1996).

49) 이도원(2001)에서 인용.

50) Lee 등(1992), 이도원(2001), Grim(2001)을 포함하는 여러 자료를 참고하여 그림.

51) 이도원(2001).

52) Laurance(2000). 브라질 마나우스(Manaus)에서 이루어지고 있는 '숲 파편화에 대한 생물역동성 연구과제'에 대해서는 중추종을 설명할 때 각주로 제시한 내용을 참고하면 된다. 또한 이도원(2001)에서 자세한 소개를 볼 수 있다.

53) Laurance 등(1997).

54) Woodroffe & Ginsberg(1998).

55) Murcia(1995).

56) Skole & Tucker(1993), Curran 등(1999).

57) Woodroffe & Ginsberg(1998).

58) Schonewald-Cox 등(1991).

59) Harwell(1998), Cochrane 등(1999).

60) 앞에서 유전자와 학습을 통해서 전달되는 정보를 각각 생물 정보와 문화 정보라 한 사실을 상기하라.

61) 이도원 등(2001).

62) Forman(1995, 452쪽).

63) 《조선일보》 또는 《중앙일보》 1995년 8월 16일자.

64) Forman(1995, 155~156쪽) 재인용.

65) 이 글은 Pulliam & Johnson(2002)의 일부 내용을 요약하고 저자의 생각을 보태어 작성했다.

66) Pearson 등(1998).

67) Abrams 등(1995).

68) Harding 등(1998).

69) 2000년 4월 15일 《매일신문》 기자 남준기 찍음.

70) 이는 제주도 사람들이 오래전에 생물을 통해서 수질을 판정하는 생물 지표 (biological indicator) 개념을 가지고 있었다는 사실을 보여 준다.

71) 김영돈, 문무병, 고광민(1993, 147쪽); 전경수(1995)에서 재인용.

72) 2003년 2월 27일 신용만 찍음.

73) 자운영(Astragalus sinicus L.)은 중국이 원산지인 다년생 초본 공과식물로서 옛날부터 우리나라에 도입되어 비료, 사료용으로 각지에서 재배되다가 야생화된 것으로 추측된다. 자운영은 1909년에 처음으로 시험 재배가 시작되었으며 1960년대 이전에는 재배 면적이 37,185헥타르이었으나 1960년대 이후 화학 비료의 보급과 함께 점차 감소되어 1980년에는 816헥타르로 격감했고 1985년 이후에는 농수산 통계연보에서조차 기록이 삭제되어 현재 자운영과 같은 녹비 작물을 이용하는 농가는 거의 찾아보기 어려운 실정이다(http://www.cheju.rda.go.kr/agrinfo/htm/agro21/CGI-BIN/BA010629.htm).

74) 최진규(2002).

75) 전북 진안군 진안읍 반월리에서 2002년 5월 4일 찍음.

76) 제1권 따로 보기 6 참조.

77) 조각(patch)에 대한 보다 자세한 내용은 이도원(2001)의 책 참조.

78) 전남 장성 북일면 금곡마을에서 2002년 7월 21일 정은화 찍음.

79) 중국 내몽골 자치구 阿魯科爾沁 부근 科爾沁沙地에서 2001년 11월 7일 찍음.

80) 중국 내몽골 자치구 훈디우수 부근에서 2001년 11월 8일 찍음.

제6부

1) 이도원(1982).

2) Omernik 등(1981).

3) 강원도 인제군 기린면 진동리에서 각각 2000년 5월 27일과 2002년 10월 19일 찍음.

4) Lowrance 등(1995a, b); Schultz 등(1995).

5) 서울시 관악구 봉천7동 낙성대 길에서 1996년 10월 29일 찍음. 자투리 숲도 사라졌기 때문에 이제는 볼 수 없다.

6) Lowrance 등(1995).

7) Forman(1995, 235쪽); Wallace 등(1997).

8) Malanson(1993, 147쪽).

9) Schnabel 등(1996).

10) 물에 영양소가 많아지면 꽃이 피듯이 조류(algae)가 번창하는 경우를 물꽃 현상(bloom)이라 한다.

11) Lee 등(1989); Schultz 등(1996). 이런 작은 습지는 특히 골프장 하류에 설치하면 효과를 볼 수 있다.

12) 1997년 말까지 이 착상은 전적으로 나 자신의 관찰에 의한 것이었다. 그러나 1998년 2월 중순 식생 완충대 전자우편 동호회에서 이와 비슷한 내용을 들었다. "The late G.W. Cooke, Head of the Chemistry Department at Rothamsted, used to tell the tale of a small pond at the Saxmundham Experimental Site in Suffolk. Despite being close to several fertilizer experiments, this pond never showed any signs of eutrophication. Not an algal bloom to be seen. Then a pair of ducks nested on the edge and that was it. The algae turned up in droves. As GW observed wistfully, you can't have anything more natural than a pair of ducks"[Tom Addiscott (tom.addiscott@bbsrc.ac.uk) at Rothamsted]. 더구나 오리는 골치 아픈 황소개구리의 올챙이를 먹어 치움으로써 생물학적 방제 수단이 된다는 소식도 있었다(《조선일보》 1998년 3월 24일자).

13) McNaughton(1986); Allen & Hoekstra(1992).

14) Lowrance 등(1984)의 그림을 수정했다.

15) 전경수(1992). '도또라'라는 갈대풀이 엉켜 긴 시간 동안 수면으로 떠도는 동안 운반된 검은색의 찰흙이 얹혀져서 이루어진다. 떼 위에 사는 기분이 드는 작은 섬으로 원주민은 이를 우로스(Uros)라 부른다. 큰 부도(浮島)의 경우에는 초등학교와 경작지도 있다고 한다. 1996년 7월 5일 《조선일보》에서는 티티카카 호의 갈대 섬에 대한 지리적인 위치와 구조를 그림으로 소개하고 있다. 이렇게 연상

된 착상은 캄보디아에서 이미 인공적으로 만든 수상 마을로 실현되고 있음을 나중에 알았다(조성철, 「캄보디아의 수상 마을」, 《새농민》 1996년 2월호).

16) 윤형근(1995).

17) 강원도 원주시 홍업면 매지리에서 1996년 10월 25일 찍음.

18) 1997년 1월 21일 찍음. 떠 있는 섬은 공극률 96%의 가벼운 합성 재료를 이용해서 만들었다.

19) Lee 등(2003).

20) Lee 등(2003).

21) Pulliam & Johnson(2002).

22) 황기원(1995).

23) 이정우(1994, 244쪽).

24) 여기서 집단은 개체군을 의미한다(최재천 1995). 사람에 따라 'population'을 집단이나 개체군으로 번역한다.

25) Houghton(1991).

26) Vitousek(1994).

27) Aber 등(1989).

28) 이도원(2001) 참조.

29) 박휘와 유지원이 그림.

30) 이 글은 보상 반응을 주제로 석사학위 논문을 발표한 강신규 군이 스웨덴 정부의 지원으로 스웨덴의 우메오 대학교에 1년 동안 머물 당시 보냈던 것을 필자가 조금 다듬은 것이다. 그는 이제 우리 연구실에서 점봉산 연구로 박사학위를 마치고 미국 몬태나 대학교에서 2년 7개월 동안 연구원으로 경력을 쌓은 다음 2004년 3월부터 강원대학교 환경학과 교수진에 합류했다.

31) 김종갑(1995).

32) 이도원과 유신재(1993).

33) 이도원 등(2001).

34) Franklin(1988); Nottrott 등(1994).

35) 미국 뉴햄프셔 주 허버드브룩 실험 대상 숲(Hubbard Brook Experimental Forest)에서 1996년 8월 10일 찍음.

36) 국제 장기 생태 연구망 홈페이지(http://www.ilternet.edu/net works/) 참조.

37) 중국 과학원 趙士洞 개인 제공.

38) 이상돈(1995).

39) 한국정신문화원, 『민족문화대백과사전』.

40) Mayr(1997, 17쪽)에서 재인용.

41) Ritter & Bailey(1928); Myre(1997) 재인용.

42) Smuts(1926); Myre(1997) 재인용.

43) Mayr(1997, 17쪽)에서 재인용.

44) Novikoff(1945); Mayr(1997) 재인용.

45) Mayr(1997).

46) 이도원(2002b); Lee 등(2003).

47) Tucker & Williams(1998).

48) 뉴질랜드의 오클랜드 대학교에서 문화지리를 연구하는 윤홍기 교수는 지관과 풍수 연구가를 각각 축구 선수와 축구 경기 해설가로 비유할 수 있다고 했다. 비슷한 맥락에서, 불교를 믿는 사람과 불교를 연구하는 사람을 그렇게 비유할 수 있다.

49) Brodt(2001).

50) 《조선일보》(1995년 2월 26일자) 이규태 코너.

51) 김진수 등(2000); Primack(1995).

52) Davenport & Prusak(1997).

53) Nardi & O'Day(2000). ❀ ❀ ❀

참고문헌

강호정(2002), 「자연이 온실가스 증가를 막을 수 있다」, 《과학동아》(2002.10), 106~111쪽.

김광규(1994), 『물길』, 문학과지성사.

김용택(1998), 『강 같은 세월』, 창작과비평사.

_____(2002), 『나무』, 창작과비평사.

김진수, 손요한, 신준환, 이도원, 최재천, 리처드 프리맥(2000), 『보전생물학』, 사이언스북스.

도종환(2002), 『슬픔의 뿌리』, 실천문화사.

신경림(1998), 『어머니와 할머니의 실루엣』, 창작과비평사.

서울특별시사편찬위원회(1997), 『서울시행정사: 서울역사총서(1)』, 서울특별시.

신협(2002), 『단순한 강물』, 창조문화사.

안동만 옮김(2001), 『환경학』, 보문당.

유진 오덤, 『생태학』, 이도원, 박은진, 김은숙, 장현정 옮김(2001), 사이언스북스.

콜럼 코츠, 『살아있는 에너지: 빅터 샤우버거의 삶과 아주 색다른 과학 이야기』, 유상구 옮김(1998), 양문.

나카무라 히사시, 『공생의 사회 생명의 경제: 지역 자립의 경제학』, 윤형근 옮김(1995), 한살림.

이도원(1982), 「우리나라 범람원의 토지이용적합성분석을 위한 식생조사 분석방법에 관한 연구──경기도 광주군의 노곡천을 사례로」, 서울대학교 환경대학원 석사학위 논문, p.121.

_____(1993), 「바이오스피어 II의 위기」, 《과학동아》(1993.4), 80~85쪽.

_____(1996), 「먹이사슬의 음지와 양지」, 《성서와 함께》, 96(4):78~87쪽.

_____(2002a), 「생태학에서 부분과 전체」, 《과학사상》, 40:58~73쪽.

이도원(2002b), 「한국 옛날 경관 속에 나타나는 생태 철학과 개념」, 서울대학교 보고서.

이도원, 유신재(1993), 「생태학적 생명관의 전개와 생명다양성」, 《과학사상》, 7:101~124쪽.

이상돈(1995), 『지구촌 환경 보호와 한국의 환경 정책』, 대학출판사.

전경수(1992), 『똥이 자원이다』, 통나무.

_____(1994), 『문화의 이해』, 지식산업사.

_____(1995), 「용수문화, 공공재, 그리고 지하수」, 《제주도연구》, 12:51~69쪽.

조석필(1997), 『태백산맥은 없다』, 사람과산.

최재천(1995), 「행동생태학: 인간 본성과 사회 구조에까지 관여」, 《대우재단소식》 54:6~9쪽.

한영우, 안휘준, 배우성(1999), 『우리 옛지도와 그 아름다움』, 효형출판.

한필원(1996), 「전통마을의 환경생태학적 해석: 경북 김천시 구성면 상원리 원터마을을 대상으로」, 《대한건축학회논문집》, 12(7):121~133쪽.

황기원(1995), 『책 같은 도시 도시 같은 책』, 열화당.

Aber, J.D., K.J. Nadelhoffer, P. Steudler, and J.M. Melillo(1989), "Nitrogen saturation in northern forest ecosystems", *BioScience*, 39:378~386.

Abrams, M.C., D.A. Orwig, and T.E. Demeo(1995), "Dendroecological analysis of successional dynamics for a presettlement−origin white−pine−mixed−oak forest in the southern Appalachians, USA", *Journal of Ecology*, 83:123~133.

Begon, M., J.L. Harper, and C.R. Townsend(1986), *Ecology*, Blackwell Scientific Publications, Oxford, UK, p.732.

Beier, P.(1995), "Dispersal of juvenile cougars in fragmented habitat", *Journal of Wildlife Management*, 59(2):228~237.

Bjerrum, C.J., and D.E. Canfield(2002), "Ocean productivity before about 1.9 Gyr ago limited by phosphorus adsorption onto iron oxides", *Nature*, 417:159~162.

Brady, N. and R.R. Weil(2002), *The Nature and Properties of Soils*, 13th ed., MacMillan Publishing Company, New York.

Brodt, S.B.(2001), "A systems perspective on the conservation and erosion of indigenous agricultural knowledge in central India", *Human Ecology*, 29:99~120.

Burel, F., and J. Baudry(1990), "Structure dynamics of a hedgerow network landscape in Brittany France", *Landscape Ecology*, 4:197~210.

Cochrane, M.A. and others(1999), "Positive feedbacks in the fire dynamics of closed canopy tropical forests", *Science*, 284:1832~1835.

Curran, L.M. and others(1999), "Impact of El Nino and logging on canopy tree recruitment in Borneo", *Science*, 286:2184~2188.

Davenport, T.H., and L. Prusak(1997), *Information Ecology: Mastering the Information and Knowledge Environment*, Oxford University Press, New York.

Dobson, J.(1970), *Dare to Discipline*, Tyndale House Publishers, Wheaton, IL.

Emmerich, W.E., and J.R. Cox(1994), "Changes in surface runoff and sediment production after repeated rangeland burns", *Soil Sci. Soc. Am. J.*, 58:199~203.

Franklin, J.F.(1988), "Importance and justification of long-term studies in ecology", In: G.E. Likens(ed.), *Long-Term in Ecology-Approaches and Alternatives*, Springer-Verlag, New York, NY., pp.3~19.

Fausch, K.D., M.E. Power, and M. Murakami(2002), "Linkages between stream and forest food webs: Shigeru Nakano's legacy for ecology in Japan", *Trends in Ecology and Evolution*, 17:429~434.

Georgescu-Roegen, N.(1977), "The steady state and ecological salvation", *BioScience*, 27d:268.

Gewin, V.(2002), "The state of the planet", *Nature*, 417:112~113.

Grim, J.(2001), *Indigenous Traditions and Ecology*, Havard University Press, Cambridge, MA.

Harding, J.S., E.F. Benfield, P.V. Bolstad, G.S. Helfman, and E.B.D. Jones, III(1998), "Stream biodiversity: the ghost of land-use past", *Proceedings of the National Academy of Sciences U.S.*, 95:14843~14847.

Harris, L.D.(1984), *The Fragmented Forest: Island Biogeography Theory and the Preservation of Biotic Diversity*, The University of Chicago Press, Chicago, IL., p.211.

Harwell, M.A.(1998), "Science and environmental decision making in south Florida", *Ecological Applications*, 8:580~590.

Hayes, J.M.(2002), "A lowdown on oxygen", *Nature*, 417:127~128.

Hewlett, J.D.(1982), *Principles of Forest Hydrology*, University of Georgia Press, Athens, GA. p.183.

Houghton, R.A.(1991), "The role of forests in affecting the greenhouse gas composition of the atmosphere", In: R.L. Wyman(ed.), *Global Climate Change and Life on Earth*, Chapman and Hall, New York, NY., pp.43~55.

Huston, M.(1979), "A general hypothesis of species diversity", *American Naturalist*, 113:81~101.

IPCC(1994), "Radiative Forcing of Climate Change", The 1994 Report of the Scientific Assessment Working Group of IPCC.

Laurance, W.F.(2000), "Do edge effects occur over large spatial scale?", *Trends in Ecology and Evolution*, 15:134~135.

Laurance, W.F. and others(1997), "Biomass collapse in Amazonian forest fragments", *Science*, 278:1117~1118.

Lee, D., T.A. Dillaha and J.H. Sherrard(1989), "Modeling phosphorus transport in grass buffer strips", *Journal of Environmental Engineering*, 115:409~427.

Lee, D., V. Jin, J.C. Choe, Y. Son, S. Yoo, H.Y. Lee, S.-K. Hong, and B.-S. Ihm.(eds.)(2002a), *Ecology of Korea*, Bumwoosa Publishing Company, Seoul.

Lee D., K.H. Yook, D. Lee, S. Kang, H. Kang, J.H. Lim, and K.H. Lee(2002b), "Changes in annual CO_2 fluxes estimated from inventory data in South Korea." *Science in China 45*, (Supplement):87~96.

Lee, D., S.-J. Yun, and S. Kang(2003), "Ecological knowledge and practices embedded in old Korean cultural landscapes", Submitted to Human Ecology.

Lowrance, R., G. Vellids, and R.K. Hubbard(1995), "Denitrification in a restored riparian forest wetland", *J. Environ. Qual.*, 24:808~815.

Lowrance, R., R. Todd, J. Fail, Jr., O. Hendricson, Jr., R. Leonard, and L. Asmussen (1984), "Riparian forests as nutrient filters in agricultural watersheds", *BioScience*, 34:374~377.

Maekawa, M. & N. Nakagoshi(1997), "Riparian landscape changes over a period of 46 years, on the Azusa River in central Japan", *Landscape and Urban Planning*, 37:37~43.

McNaughton, S.J.(1986), "On plants and herbivores", *American Naturalist*, 128:765~770.

Malanson, G.P.(1993), *Riparian Landscapes*, Cambridge University Press, New York, NY.

Miller, G.T., Jr.(1992), *Living in the Environment*, 7th ed. Wadworth Publishing Company, Belmont, CA.

Murcia, C.(1995), "Edge effects in fragmented forests: implications for conservation", *Trends in Ecology and Evolution*, 10:58~62.

Mayr, E.(1997), *This is Biology: The Science of Living World*, The Belknap Press of Harvard University Press, 1997, 327p.

Nardi, B., and V. O'Day(2000), *Information Ecologies: Using Technology with Heart*, MIT Press, Cambridge, MA.

Nee, S.(2002), "Thinking big in ecology", *Nature*, 417:229~230.

Nelson, M. et al.(1993), "Using a closed ecological systems to study earth's biosphere", *BioScience*, 43:225~236.

Newman, R.M.(1991), "Herbivory and detritivory on freshwater macrophytes by invertebrates: A reivew", *J.N. Am. Benthol. Soc.*, 10:89~114.

Nottrott, R.W., J.F. Franklin, and J.R.V. Castle(1994), International Networking in Long-Term Ecological Research. University of Washington, Seattle, WA.

Novikoff, A.(1945), "The concept of integrative levels and biology", *Science*, 101:209~215.

Odum, E.P., and L.J. Biever(1984), "Resource quality, mutualism, and energy patitioning in food chains", *American Naturalists*, 124:360~376.

Odum, H.T., and E.C. Odum(1981), *Energy Basis for Man and Nature*, 2nd ed. McGraw-Hill Book Co., New York, NY.

Omernik, J.M., A.R. Abernathy, and L.M. Male(1981), "Stream nutrient levels and proximity of agricultural and forest land to streams: Some relationships", *J. Soil Water Conserv.*, 36:227~231.

Paige, K., and W. Thomas(1987), "Overcompensation in response to mammalian herbivory: The advantage of being eaten", *American Naturalist*, 129:407~416.

Paine, R.T.(1969), "A note on trophic complexity and community stability", *American Naturalst*, 103:91~93.

_____(1966), "Food web complexity and species diversity", *American Naturalist*, 100:65~75.

Pearson, S.M., A.B. Smith, and M.G. Turner(1998), "Forest patch size, land use, and mesic forest herbs in the French Broad River Basin, North Carolina", *Castanea*, 63:382~395.

Polis, G.A., and S.D. Hurd(1996), "Linking marine and terrestrial food webs: Allochthonous input from the ocean supports high secondary productivity on small islands and coastal land communities", *American Naturalist*, 147:396~423.

Primack, R.B.(1995), *A Primer of conservation Biology*, Sinauer Associates Inc., Publishers, Sunderland, MA.

Pulliam, H.R.(1988), "Sources, sinks, and population regulation", *American Naturalist*, 132:652~661.

Pulliam, H.R., & B.R. Johnson(2002), "Ecology's new paradigm: what does it offer desingers and planners?", pp.51~84, In: B.R. Johnson & K. Hill(eds.) *Ecology and Design*, Island Press, Washington, D.C.

Randerson, J.T., F.S. Chapin, III, J.W. Harden, J.C. Neff, and M.E. Harmon(2002), "Net ecosystem production: a comprehensive measure of net carbon accumulation by ecosystems", *Ecological Applications*, 12:937~947.

Ritter, W.E., and E.W. Bailey(1928), "The organismal conception: its place in science and its bearing on philosophy", *Univ. Calif. Pub. Zool.*, 31:307~358.

Running, S.W., and J.C. Coughlan(1988), "A general model of forest ecosystem processes for regional applications. I. Hydrologic balance, canopy gas exchange and primary production processes", *Ecological Modelling*, 42:125~154.

Schnabel, R.R., L.F. Cornish, W.L. Scout, and J.A. Shaffer(1996),

"Denitrification in a grassed and a wooded, valley and ridge, riparian ecotone", *J. Environ. Qual.*, 25:1230~1235.

Schonewald-Cox, C. and others(1991), "Scale, variable density, and conservation planning for large carnivores", *Conservation Biology*, 8:732~743.

Schreiber, K.-F.(1990), "The history of landscape ecology in Europe", pp.21~33, In: I.S. Zonneveld, and R.T.T. Forman(eds.), *Changing Landscapes: An Ecological Perspective*, Stringer-Verlag, New York.

Schultz, R.C., J.P. Colletti, T.M. Isenhart, W.W. Simpkins, C.W. Mize, and M.L. Thompson(1995), "Design and placement of a multi-species riparian buffer strip system", *Agroforestry Systems*, 29:201~226.

Skole, D. and C. Tucker(1993), "Tropical deforestation and habitat fragmentation in the Amazon: satellite data from 1978 to 1988", *Science*, 260:1905~1910.

Smith, R.L.(1992), *Elements of Ecology* 3rd ed., Harper Collins Publishers, Inc., New York, NY., pp376, 381.

Smuts, J.C.(1926), *Holism and Evolution*, Viking Press, New York, 2nd ed., 1965.

Swank, W.T. & J.E. Douglas(1974), "Streamflow greatly reduced by converting deciduous hardwood stands to pine", *Science*, 185:857~859.

Tucker, M.E., and D.R. Williams(eds.)(1998), *Buddhism and Ecology: The Interconnection of Dharma and Deeds*, Harvard University Press, Cambridge, MA.

van Wilgen, B.W., R.M. Cowling, and C.J. Burgers(1996), "Valuation of ecosystem services", *BioScience*, 46:184~189.

Vitousek, P.M.(1994), Beyond global warming: Ecology and global change", *Ecology*, 75 (7):1861~1876.

Wallace, J.B., S.L. Eggert, J.L. Meyer, and J.R. Webster(1997), "Multiple trophic levels of a forest stream linked to terrestrial litter inputs", *Science*, 277:102~104.

Waring, R.H., and S.W. Running(1998), *Forest Ecosystems: Analysis at Multiple Scale*, Academic Press, San Diego, Ca.

Wegner, J.F., and G. Merriam(1979), "Movements by birds and small mammals between a wood and adjoining farmland habitats", *J. Appl. Ecol.*, 16:349~357.

Wilson, M.F., S.M. Gende, and B.H. Marston(1998), "Fishes and the forest", *BioScience*, 48:455~462.

Woodroffe, R., and J.R. Ginsberg(1998), "Edge effects and the extinction of populations inside protected areas", *Science*, 280:2126~2128.

Woodwell, G.M. et al.(1967), DDT residues in an East Coast estuary: A case of biological concentration of a persistent insecticide", *Science*, 156:821~824.

Zonneveld, I.S.(1995), *Land Ecology. SPB Academic Publishing*, Amsterdam, The Netherlands. ● ● ●

찾아보기

231

이 도 원

서울대학교 식물학과를 졸업하고 동대학 환경대학원에서 환경조경학 석사를 받았다. 미국 버지니아 공과대학에서 환경학 박사학위를 받았으며, 조지아대학교 생태학연구소 연구원과 한국외국어대학교 조교수를 거쳐 현재 서울대학교 환경대학원의 교수로 있다. 식생완충대 연구로 미국 토목공학회의 《환경공학논문집(Journal of Environmental Engineering)》에서 1990년도 수문학 분야 최우수 논문상을 받았다. 현재 점봉산과 광릉 숲의 탄소 순환에 대한 연구와 전통생태를 경관생태학과 접목하는 시도를 하고 있다. 저서로는 『경관생태학』과 『한국 옛 경관 속의 생태지혜』 등이 있다.

 자연과 인간 4

흙에서 흙으로

서울대 이도원 교수의 생태 에세이 ••• 하

1판 1쇄 찍음 | 2004년 4월 6일
1판 1쇄 펴냄 | 2004년 4월 10일

지은이 | 이도원
펴낸이 | 박상준
펴낸곳 | (주)사이언스북스

출판등록 1997. 3. 24. (제16-1444호)
135-887 서울시 강남구 신사동 506 강남출판문화센터 5층
대표전화 515-2000 | 팩시밀리 515-2007
편집부 517-4263 | 팩시밀리 514-3249
www.sciencebooks.co.kr

값 20,000원

ⓒ 이도원, 2004. Printed in Seoul, Korea.

ISBN 89-8371-529-4 04470
ISBN 89-8371-525-1 (세트)